Art Academy

Zeichnen

Tiere zeichnen

Bagnall · Hille

Ravensburger Buchverlag

Umschlaggestaltung: Ekkehard Drechsel BDG
Umschlagbild: Brian Bagnall
Satz: Weishaupt, Meckenbeuren
Gesamtherstellung: Himmer, Augsburg
Printed in Germany
98 97 96 95 4 3 2 1
ISBN 3-473-48263-3

Die Deutsche Bibliothek – CIP-Einheitsaufnahme

Tiere zeichnen / Bagnall; Hille. –
Ravensburg: Ravensburger Buchverl., 1995
(Art academy: Zeichnen)
ISBN 3-473-48263-3
NE: Bagnall, Ursula; Hille, Astrid

Inhalt

Zu diesem Buch

Viele Menschen sind der Meinung, daß sie nicht zeichnen können, weil ihnen dazu die nötige Begabung fehlt. So kann man zum Beispiel die erfolgreichsten und selbstbewußtesten Menschen völlig verunsichern, indem man sie bittet, eine Kuh zu zeichnen. Doch zeichnen kann jeder lernen, zumindest bis zu einem gewissen Grad. Erst für ein Mehr spielt vielleicht das Talent eine Rolle.
Sehr oft ist das Zeichnen auch Voraussetzung für andere Kunstarten. Maler skizzieren ihr Motiv, bevor sie mit einem Bild beginnen, sie erforschen mit dem Stift Formen und Details dessen, was sie darstellen wollen. Bildhauer, Designer, Bühnenbildner, Modemacher, ja sogar manche Fotografen zeichnen Entwürfe ihrer späteren Modelle und Bilder. Zeichnen ist also eine gute Vorbereitung für alle, die sich in irgendeiner Form künstlerisch betätigen wollen.
Das Thema Tier stellt eine besondere Herausforderung dar, denn Tiere begeben sich nicht freiwillig in die gewünschte Position und halten dann still, bis sie gezeichnet sind. Dieses Buch wird Ihnen viele nützliche Tips geben, Techniken erklären, die Anatomie verschiedener Tiere besprechen, und es wird Ihnen zeigen, wie Sie mit dem Thema ungezwungen umgehen können.
Wir zeigen Ihnen das Zeichenmaterial und seine Möglichkeiten und helfen Ihnen beim Umsetzen verschiedener Motive. Wir beschäftigen uns mit Haustieren, Zootieren und Vögeln und zeigen Ihnen zuletzt, wie daraus auch komische Zeichnungen entstehen können. Sie werden feststellen, daß das Ganze gar nicht so schwierig ist.
Viel Spaß dabei!

Brian Bagnall

Brian Bagnalls Zeichnungen und Bilder sollen Sie in diesem Buch zu eigenen Zeichnungen und künstlerischem Gestalten anregen. 1943 in Wakefield, England, geboren, studierte er Malerei und Radierung und bestand sein National Diploma mit Auszeichnung. Danach zog Brian Bagnall nach Amsterdam, wo er neben einer Lehrtätigkeit auch für zahlreiche Verlage und Werbeagenturen arbeitete. Seit 1970 lebt er in München und gründete zusammen mit seiner Frau „Bagnall Studios", hier entstehen die verschiedensten freien und angewandten künstlerischen Arbeiten. Nebenbei war er mehrere Jahre in Darmstadt als Dozent tätig. Es sind zahlreiche Bücher von ihm erschienen, seine Arbeiten waren in verschiedenen europäischen Ländern und in Südkorea ausgestellt.

Ursula Bagnall

Als Partnerin von Brian Bagnall, der die Reihe „Art Academy" als Art Director betreut, hat sie hier Layout und Text übernommen, um die gemeinsam erarbeiteten Informationen möglichst anschaulich wiederzugeben. 1945 geboren, machte sie ihre Ausbildung für Grafikdesign an der Akademie für das grafische Gewerbe in München. Danach arbeitete sie für die Olympiade 1972 bei Otl Aicher und übernahm später für fünf Jahre eine Lehrtätigkeit an einer amerikanischen Schule in Amsterdam. Neben freier Mitarbeit für das Bayerische Fernsehen arbeitet sie seit 1973 freiberuflich als Grafikerin und Autorin. Gemeinsam mit ihrem Mann entwickelte sie zahlreiche Bücher, unter anderem auch Malschulen für Kinder und Erwachsene.

Astrid Hille

Astrid Hille ist Herausgeberin der Reihe „Art Academy" und arbeitet dabei eng mit „Bagnall Studios" zusammen. 1955 in Hamburg geboren, studierte sie nach einer Ausbildung als technische Zeichnerin an der Fachhochschule für Kunst und Gestaltung in Hamburg Illustration und Malerei. Danach arbeitete sie als Illustratorin, Malerin und Kunstlehrerin in der Erwachsenenbildung. Nach einem Zweitstudium der Medien- und Theaterpädagogik ist sie seit 1985 als Lektorin für Kunst- und Kinderbücher tätig.

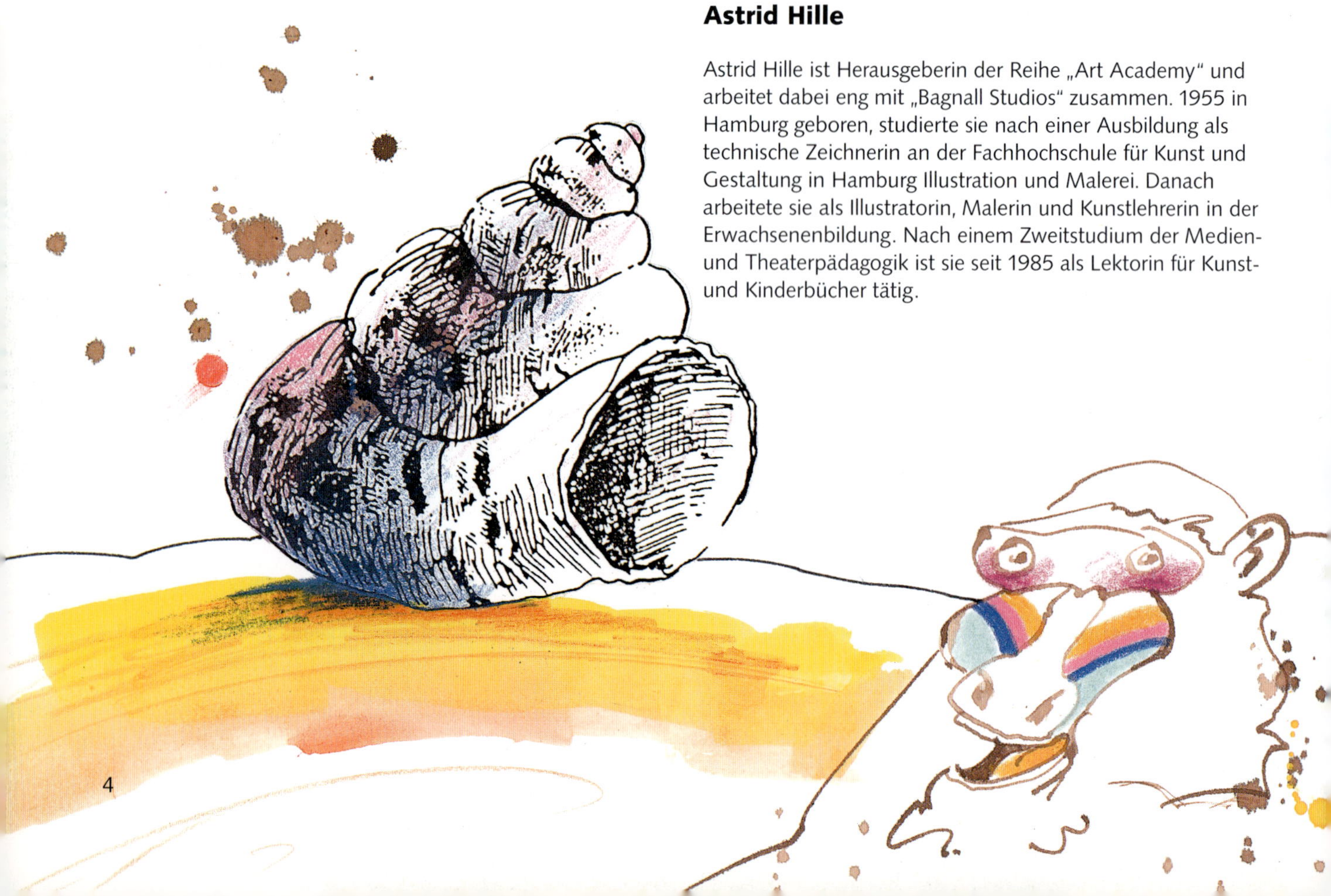

Gezeichnet wird überall

Täglich begegnen uns Zeichnungen aller Art. Sehr oft sind sie uns gar nicht mehr bewußt, so zum Beispiel bei vielen Hinweisen und Informationen, bei denen es sich im Grunde genommen um nichts anderes als Zeichnungen handelt. In einer Welt, in der man häufig mit anderen Ländern und anderen Sprachen in Berührung kommt, müssen Informationen knapp und eindeutig weitergegeben und unabhängig von der jeweiligen Sprache verstanden werden. Denken Sie nur an einen Flugplatz, auf dem sich jeder zurechtfinden muß, egal welche Sprache er spricht. Nur durch vereinfachte Zeichnungen, sogenannte Piktogramme, erkennt man, in welche Richtung man gehen soll (Richtungspfeile), wo ein Restaurant (gekreuztes Besteck) oder die Toilette (Mann und Frau) ist.
Ob beim Einkaufen Sonderangebote mittels Plakaten angepriesen werden oder beim Fernsehen die Werbung durch Comics aufgelockert wird, überall begegnen wir Zeichnungen. Verkehrszeichen sind nichts anderes als eine gezeichnete Bildersprache, die jeder Verkehrsteilnehmer erlernen muß. Wir finden Gezeichnetes auf T-Shirts, Buttons, in Büchern und in Zeitungen. Wir sind so daran gewöhnt, daß es kaum noch etwas Besonderes für uns ist. Von großer Bedeutung ist die Zeichnung auch, wenn sie erklärende und veranschaulichende Funktionen wahrnimmt. So sind zum Beispiel genaue Naturstudien ein wichtiger Faktor in Lehrbüchern. Im Biologieunterricht kann kein Foto anatomische Details so gut wiedergeben wie eine naturgetreue Zeichnung. Trockener Unterrichtsstoff kann durch Zeichnungen aufgelockert und dem Schüler nähergebracht werden.

Anders wieder die künstlerische Zeichnung. Hierzu zählen Entwürfe aller Art, Vorskizzen zu Bildern und andere gezeichnete Kunstwerke. Mit ihnen kommen allerdings nur die Menschen in Berührung, die sich dafür interessieren oder sich selbst mit dem Zeichnen beschäftigen.
Um Zeichnungen handelt es sich auch bei den Comic strips, die sich zu einer eigenen Kunstrichtung entwickelt haben. Gerade Tiere spielen hier oft eine besondere Rolle. Sie werden vermenschlicht, meistern Alltagssituationen besser und ungewöhnlicher als der Mensch. Und es darf über sie gelacht werden, wenn sie sich tolpatschig oder liebenswert dumm anstellen.
Die Zeichnung ist also in nahezu jeden Lebensbereich vorgedrungen, als Hilfsmittel, als Information, als Kunstform und als Verständigungsmöglichkeit.
Und das Tier, dem schon von alters her immer wieder mystische Bedeutung zugeschrieben und das in den verschiedensten Formen dargestellt wurde, hat auch heute noch seinen festen Platz in unserer Vorstellungswelt, sei es in der Karikatur, der Persiflage oder der Parabel. Es ist kein Zufall, daß einige Länder Adler und Löwen in ihrem Wappen haben, Sinnbilder für Macht und Stärke. Das Zeichnen von Tieren kann uns helfen, ihr Wesen und ihre Eigenschaften besser zu erfassen, auf jeden Fall aber verstärkt es die Beobachtungsgabe und ist eine Bereicherung für jeden, der gerne zeichnet.

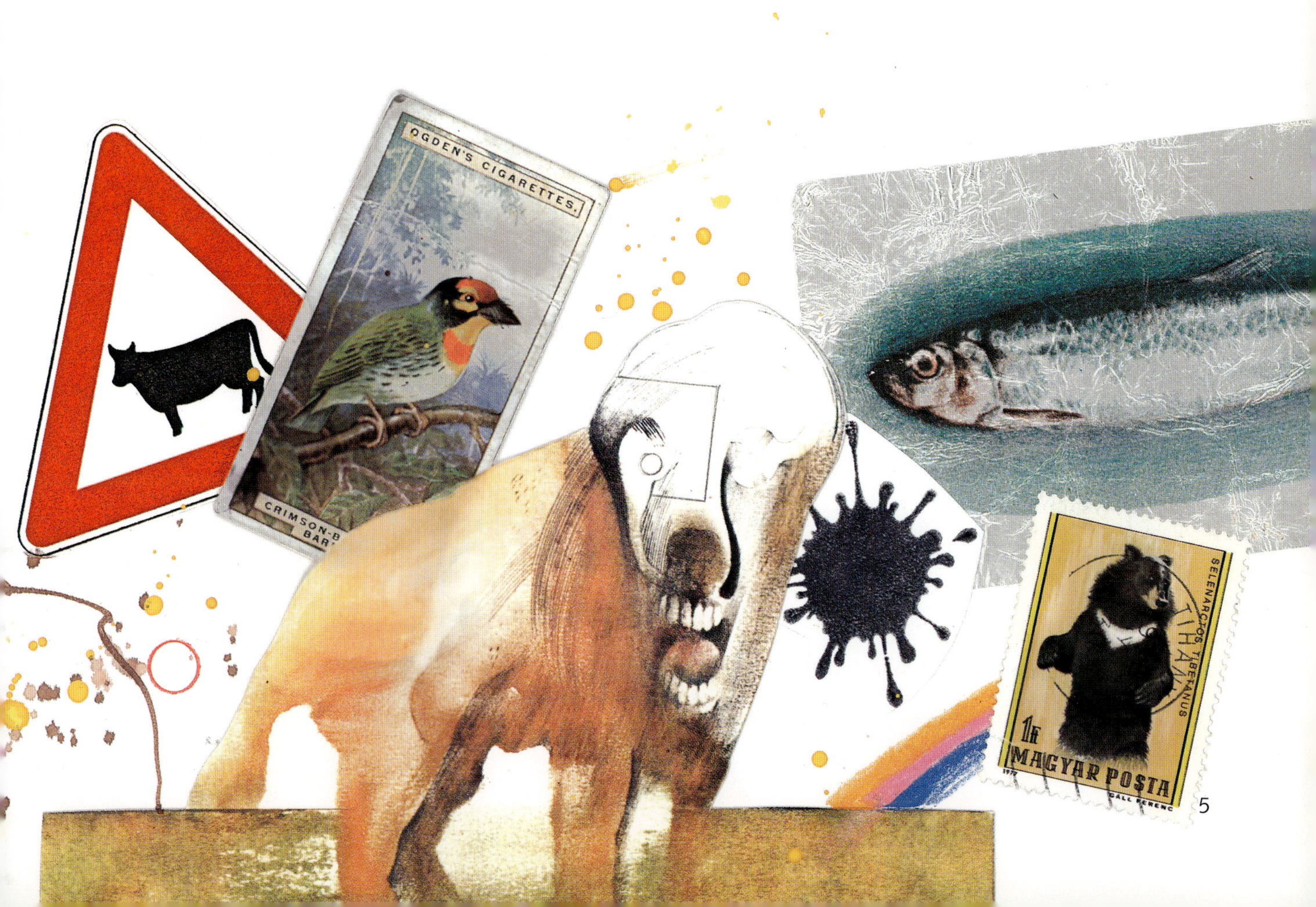

Tiere zeichnen – gestern und heute

Tiere haben im Leben der Menschen zu allen Zeiten eine bedeutsame Rolle gespielt: Sie gaben Nahrung und Kleidung, sie waren gefürchtet und wurden gejagt, sie konnten aber auch als Götter angebetet und geachtet werden. Bis heute hat sich an diesen Punkten nichts geändert, noch immer bietet das Tier Nahrung und Wohlstand, es kann Schrecken und Furcht verbreiten oder, wie die heiligen Kühe in Indien, verehrt werden. Zugleich scheinen die Beziehungen Mensch-Tier immer tiefer und vielschichtiger geworden zu sein. Gibt es doch kaum einen Lebensbereich, der nicht mit dem Tier verbunden wäre, das Spektrum reicht vom Zoologischen Garten über die ökologischen Diskussionen bis hin zu den Tierversuchen.
Entsprechend der Bedeutung des Tieres für das Leben des Menschen, finden sich in allen Epochen der Kunst unzählige Tierdarstellungen. In der Frühzeit besaß die Tierzeichnung vor allem magische Bedeutung. Schon die Höhlenmenschen ritzten die Umrisse ihres Beutetieres mit Flintstein in die harte Felswand. Sie hofften, daß dieses Ritual die Jagd glücklicher und erfolgreicher machen würde. Beschwörend waren auch die Tierdarstellungen im frühen Ägypten, wo zahlreiche Tiere oder tierähnliche Gestalten als Götter verehrt wurden – man denke nur an die Sphinx. Zugleich wurden aber auch Nutztiere abgebildet. In Gräbern gibt es ganze gezeichnete Herden, durch die man Rang und Würde des Verstorbenen demonstrierte, denn der Besitz vieler Tiere bedeutete Macht und Wohlstand. In der Antike ließ die Götterverehrung in Tiergestalt nach. Im antiken Griechenland finden sich zum Thema „Tier" vor allem viele Reiterstandbilder, in denen man den Kampf zwischen dem Willen des Menschen und der elementaren Kraft des Tieres ausgedrückt sah.
Das Mittelalter, dessen Kunst ganz der Kirche und den religiösen Darstellungen unterworfen war, kannte das Tier vor allem als christliches Symbol; die Tradition der Tierallegorie entstand. Bilder wie das Lamm Christi oder Taube / Heiliger Geist sind bis heute allgemein verbreitet.
Naturalistische Tierdarstellungen entstehen erst mit dem gesellschaftlichen und künstlerischen Umbruch der Renaissance im 15. Jahrhundert. Dies war auch die Zeit, in der die Zeichnung, bisher nur für Vorskizzen zu späteren Gemälden oder Skulpturen zugelassen, als eigenständige Kunstform entdeckt wurde. Zeichnen wurde zum Pflichtfach für jeden Künstler. Man bemühte sich nun um eine möglichst realistische Wiedergabe der Motive, wobei gerade auch in der Zeichnung viele wissenschaftliche Studien zur Anatomie oder sehr detailgetreue Bilder entstanden. Einer der größten Künstler seiner Zeit, der exakt und intensiv mit dem Zeichenstift studierte, war Albrecht Dürer (21. 5. 1471 – 6. 4. 1528).
Auf ganz andere Weise der Wirklichkeit zugewandt war der Franzose Jacques Callot (1592 – 24. 3. 1635). Seine Stiche und Radierungen ließen ihn zu einem der ersten Gesellschaftskritiker werden. Sein Thema war das Alltagsleben aller Volksschichten, wobei er auch die Grausamkeiten der Welt unbeschönigt anprangerte. Er arbeitete meist mit Rötel oder Kreide auf sehr rauhem Papier.
Ebenfalls im 15. Jahrhundert bildete sich auch die Kategorie des Stillebens heraus, und in einer Ableitung daraus entstand in den Niederlanden das sogenannte Tierstück. Eine sicher ungewöhnliche Frau war Anna Maria Sibylla Merian (2. 4. 1647 – 13. 1. 1717), die sehr viele Tierstücke anfertigte. Sie lebte zunächst in Nürnberg, ging dann aber in die Niederlande. Berühmt wurde sie vor allem durch ihre Insektenstudien, wobei sie bei einem zweijährigen Südamerikaaufenthalt auch die tropische Insektenwelt studierte.
Empfindsamer und symbolischer wurden die Tierdarstellungen wieder im 19. und 20. Jahrhundert. Die Kunst wollte nicht mehr nur Abbildung sein, sondern auch Stimmungen, Ansichten und Atmosphäre vermitteln. Franz Marc

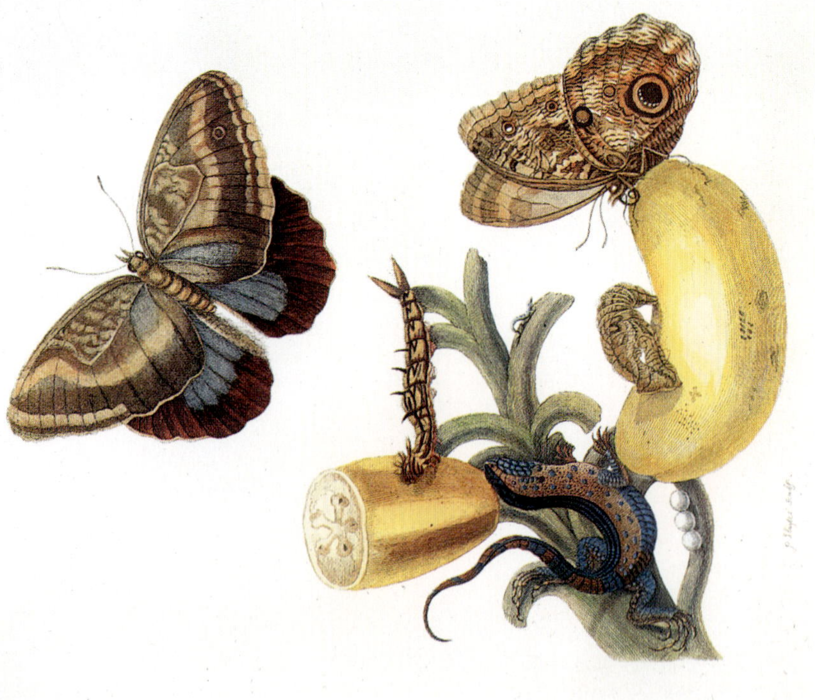

Anna Maria Sibylla Merian,
Bananenfrucht und Caligo

(1880 – 1916) zum Beispiel spielt in seinen berühmten Tierbildern mit Licht, Farben und Formen; er malte am liebsten Tiere, da sie ihm reiner erschienen als der Mensch.
Auch in der abstrakten Malerei oder der Pop Art finden sich zahlreiche Tierdarstellungen. Künstler, wie Pablo Picasso (1881 – 1973) oder Roy Lichtenstein (1923) zeigen auf eindrucksvolle Weise, wie sie durch Reduktion auf einfache Formen das Typische und die Ausdruckskraft eines Tieres wiedergeben.

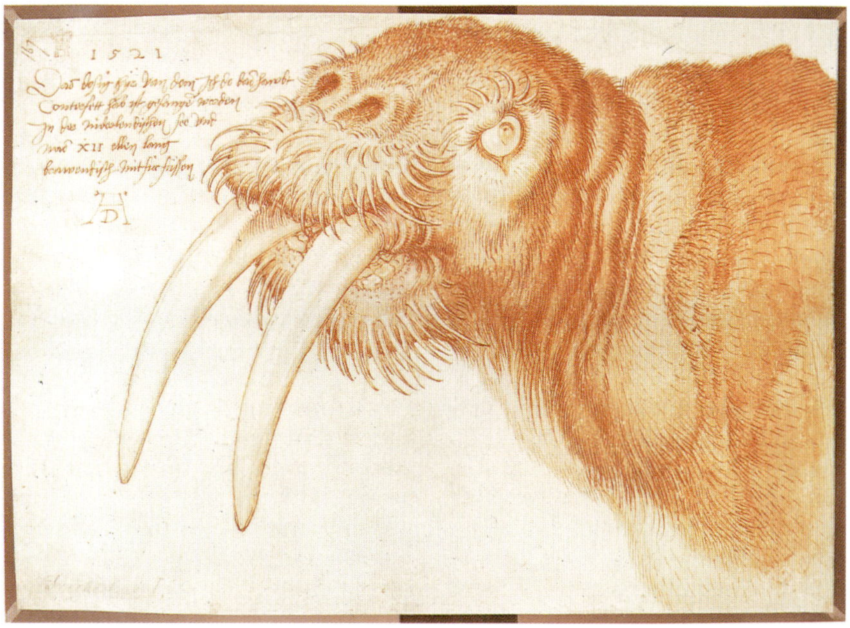

Albrecht Dürer, Kopf eines Walrosses

Franz Marc, Zwei Pferde

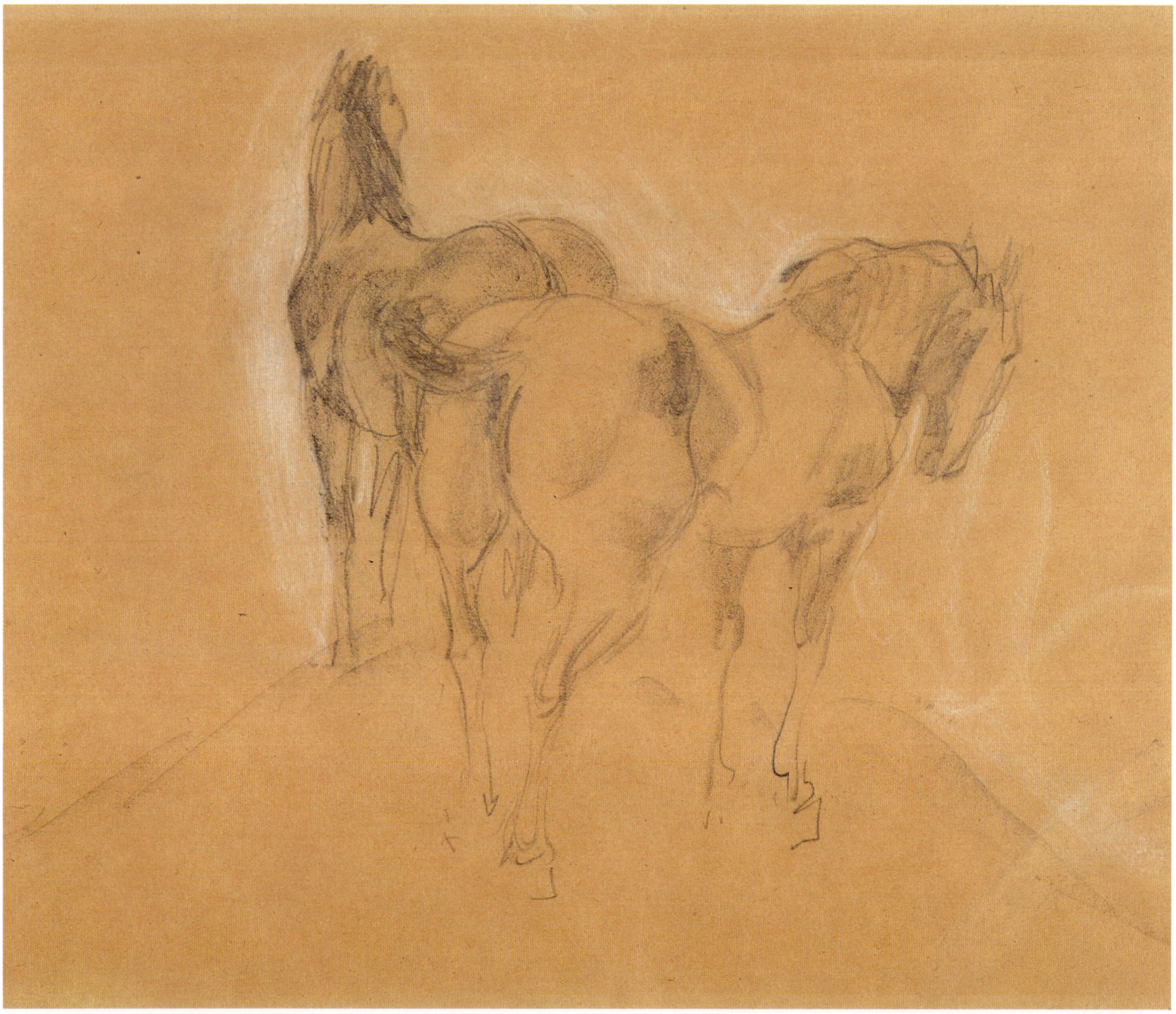

Das Material

Zeichnen können Sie eigentlich mit allem, was Ihnen zwischen die Finger kommt: Sie können einen Kugelschreiber und einen Notizblock verwenden oder einen Bleistiftstummel, mit dem Sie auf ein Stück Packpapier zeichnen. Der Vorteil: Um mit dem Zeichnen beginnen zu können, benötigen Sie keine teure Ausstattung. Die folgende Aufstellung soll Ihnen auch nur als Orientierungshilfe dienen. Entscheiden Sie selbst, welche Materialien Ihnen am meisten zusagen.

Das enorme Angebot an **Bleistiften** läßt sich in zwei Kategorien einteilen, nämlich in harte und weiche Stifte. Deren Vor- und Nachteile sind auf Seite 10/11 genau beschrieben, hier nur einige technische Details. Es gibt einfache Stifte mit dem bekannten Holzmantel und Fallminenstifte, auch Minenklemmstifte genannt, bei denen die eingesetzte Mine durch Druck nach unten fällt und festgeklemmt wird. Die Länge der Mine kann man also selbst bestimmen, was sich bei manchen Arbeiten als vorteilhaft erweist.

Für die Bleistifte benötigen Sie natürlich auch einen Spitzer. Für die Klemmstifte sind spezielle Minenspitzer erhältlich. Die Minen lassen sich aber auch einfach mit Sandpapier in Form bringen, wofür es Schmirgelblöcke gibt, bei denen feines und rauhes Sandpapier auf einem Holzbrettchen befestigt ist.

Die handelsüblichen Härtegrade der Bleistifte und Minen teilen sich folgendermaßen:

sehr weiche Stifte mit tiefschwarzem Strich: 3B, 4B, 5B, 6B;

mittelweiche Stifte mit schwarzem Strich: 2B, B, HB, F;

harte Stifte mit grauem Strich: H, 2H, 3H, 4H, 5H, 6H;

sehr harte Stifte: 7H und 8H.

Wenn etwas schiefgegangen ist, werden Sie einen Radiergummi brauchen. Für Zeichnungen eignen sich weiche Plastikradierer besser als die harten Universalradierer, die das Papier sehr schnell aufrauhen (man kann damit sogar Tinte ausradieren). Für Kohlezeichnungen ist Knetgummi das beste Radiermittel, mit dem man Kohlereste auch ohne Reiben einfach abtupfen kann. Aber Vorsicht, wenn Ihnen ein Stückchen davon hinunterfällt: Knetgummi ist aus dem Teppich, Sessel oder Pullover ähnlich schwer herauszukriegen wie Kaugummi.

Farbstifte gibt es in unterschiedlicher Qualität, die Härtegrade spielen dabei eine untergeordnete Rolle. Es gibt wasserfeste und wasserlösliche Farbstifte. Es sind auch Farbminen für Klemmstifte im Handel, jedoch nur in geringer Auswahl, und für das freie Zeichnen kann ich sie nicht empfehlen.

Sie können sich einen fertig zusammengestellten Kasten mit verschiedenen Farbstiften anschaffen, die Größenverhältnisse liegen zwischen 12 und 72 Farben. Sie können sich aber auch Ihre Farben selbst zusammenstellen und die Stifte einzeln kaufen.

Filz- und Faserstifte sind ebenfalls in wasserfester und wasserlöslicher Form erhältlich. Da die Spitzen nicht sehr variabel im Strich sind, muß man sich schon beim Kauf für bestimmte Strichstärken entscheiden. Es stehen, wie bei den Farbstiften, Kästen mit großer Farbauswahl zur Verfügung. Wichtig ist die Qualität, da es viele Stifte für Kinder gibt, die anderen Voraussetzungen unterliegen als Stifte für den professio-

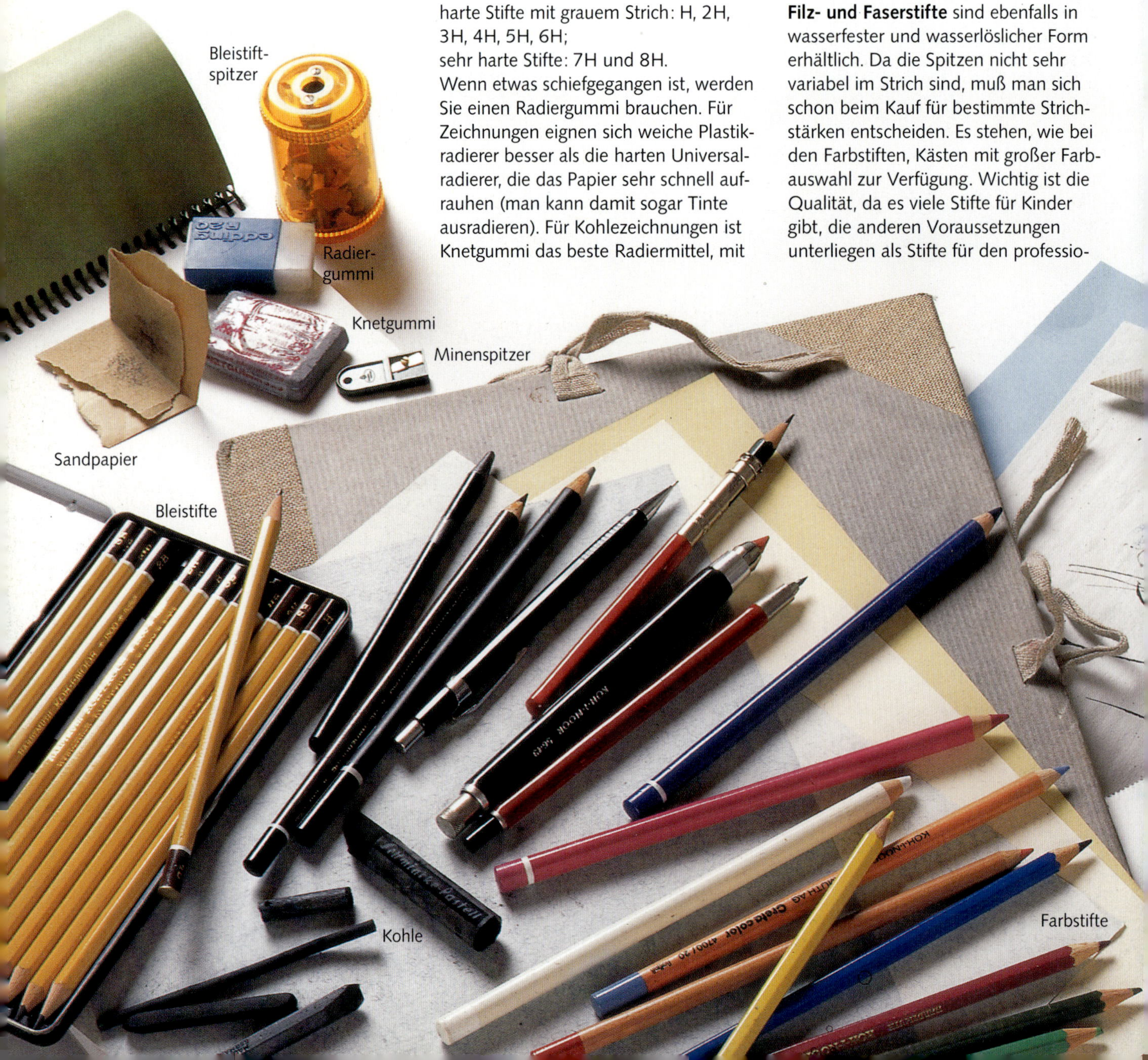

nellen Gebrauch. Greifen Sie also in diesem Fall lieber zu qualitativ hochwertigen Stiften, im Zweifelsfall können Sie sich im Fachgeschäft beraten lassen.
Bei der **Zeichenkohle** können Sie sich zwischen der natürlichen Kohle und der künstlichen Reißkohle im Holzmantel entscheiden. Bei beiden sind drei bis vier verschiedene Härtegrade erhältlich.
Zum gezielten Verwischen der Kohlestriche kann man einen sogenannten Papierwischer einsetzen, ein an beiden Enden angespitzter Stift aus gerolltem Papier.
Bei **Pastell-, Öl- und Wachskreiden** (Seite 14/15) haben Sie wieder die Wahl zwischen Kästen oder einzelnen Farben. Empfehlenswert ist eine Grundausstattung im Kasten, die man dann beliebig erweitern kann.
Arbeiten mit Kohle oder Pastellkreiden müssen fixiert werden, damit sie nicht verwischen. Fixativ ist in der Spraydose oder im Glas mit dazugehörendem Zerstäuber zu haben. Einfacher in der Handhabung ist zweifellos die Spraydose, die jetzt auch umweltfreundlich ohne FCKW hergestellt wird. Beim Zerstäuber wird das abgewinkelte Röhrchen in die Flasche gesteckt und dann das Fixativ durch Blasen über die Zeichnung verteilt. Dazu braucht man allerdings ein bißchen Übung. Gehen Sie mit dem Fixativ – egal ob Dose oder Zerstäuber – jedoch nie zu nah an Ihre Arbeit, da Kreiden wie Kohle sonst in der Flüssigkeit verlaufen.
Zeichenfedern mit passenden Haltern bekommen Sie in jedem Schreibwarengeschäft. Die Federn haben aufgrund ihrer unterschiedlichen Biegsamkeit verschiedene Härtegrade.
Praktisch zum Zeichnen unterwegs sind Tuschefüller, die mit einer Tuschepatrone gefüllt werden. **Tusche** gibt es in Schwarz oder in verschiedenen Farben; besonders geeignet sind speziell zum Zeichnen entwickelte Künstlertuschen, die wie Aquarellfarben verwendet werden können.
Manchmal werden Sie auch einen Lappen zum Abwischen oder Löschpapier brauchen, vielleicht auch ein Lineal, um irgendwo eine Hilfslinie zu ziehen, oder eine Rasierklinge, um etwas abzukratzen. All diese Dinge können Sie sich aber auch später noch anschaffen.

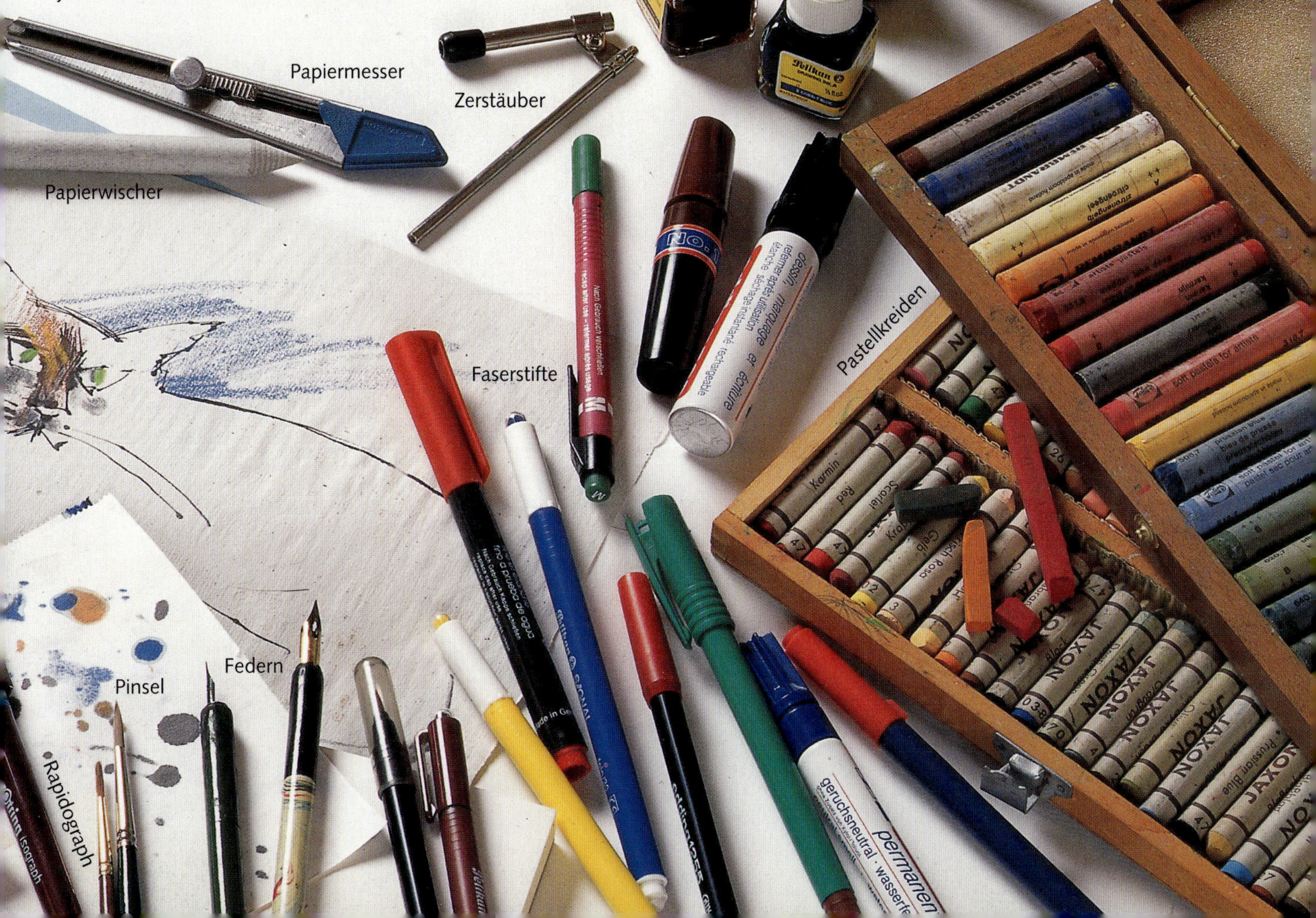

Bleistifte und Farbstifte

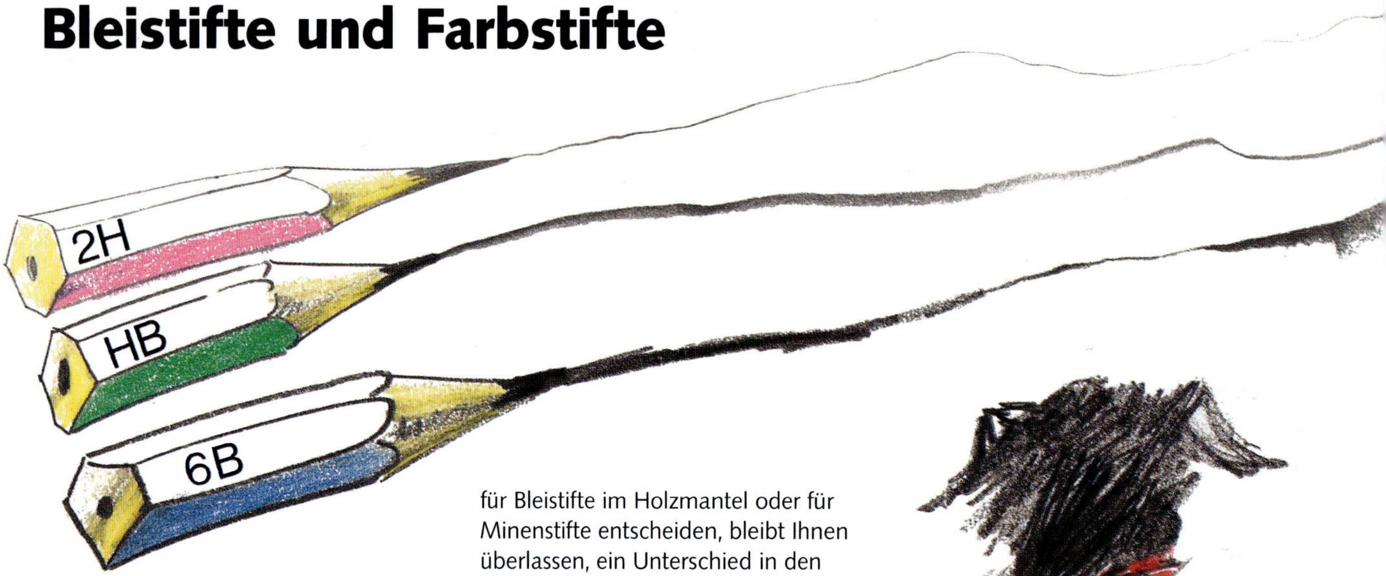

Natürlich weiß jeder, was ein Bleistift ist, doch kennen Sie auch seine Vielseitigkeit? Mit Bleistiften lassen sich nuancenreiche Zeichnungen anfertigen, was zum einen mit den verschiedenen Härtegraden der Stifte zusammenhängt. Zum anderen reagiert ein Bleistift auf jeden Druck und jede Drehung der Hand (oben).

Das Angebot an Bleistiften ist groß und vielseitig, die Härtegrade wurden jedoch vereinheitlicht. Die härteren H-Stifte eignen sich für exakte und nicht so schwarze Striche. Lebendigere und dunklere Linien erhält man mit weichen B-Stiften. Für den Anfang genügen ein harter (H oder 2H), ein mittlerer (HB oder B) und ein sehr weicher (6B) Stift. Ob Sie sich für Bleistifte im Holzmantel oder für Minenstifte entscheiden, bleibt Ihnen überlassen, ein Unterschied in den Anwendungsmöglichkeiten besteht nicht.

Auch bei den Farbstiften sollten Sie einfach verschiedene Sorten ausprobieren. Von der Art Ihrer Zeichnung wird es abhängen, ob Sie wasserfeste oder wasserlösliche Stifte verwenden wollen. Letztere kann man mit Wasser und Pinsel vermalen, wodurch ein aquarellartiger Effekt entsteht.

Kein Kopfzerbrechen sollte Ihnen der Malgrund bereiten, denn zeichnen kann man auf fast jeder Art von Papier. Auch hier ist es am besten, wenn Sie einfach mit unterschiedlichen Sorten experimentieren.

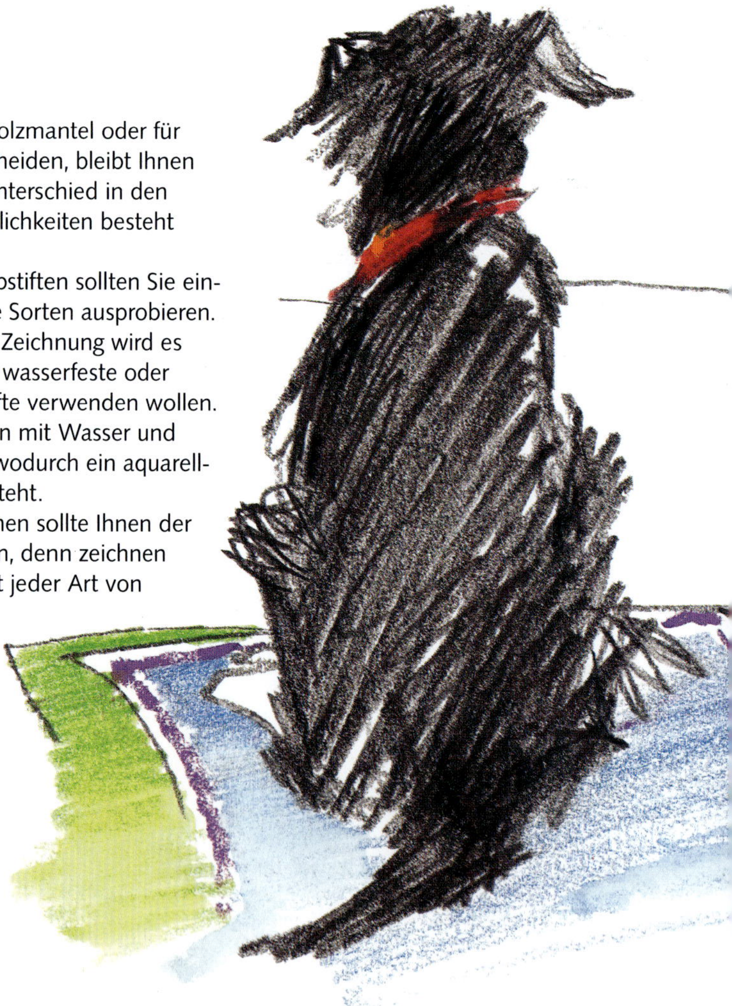

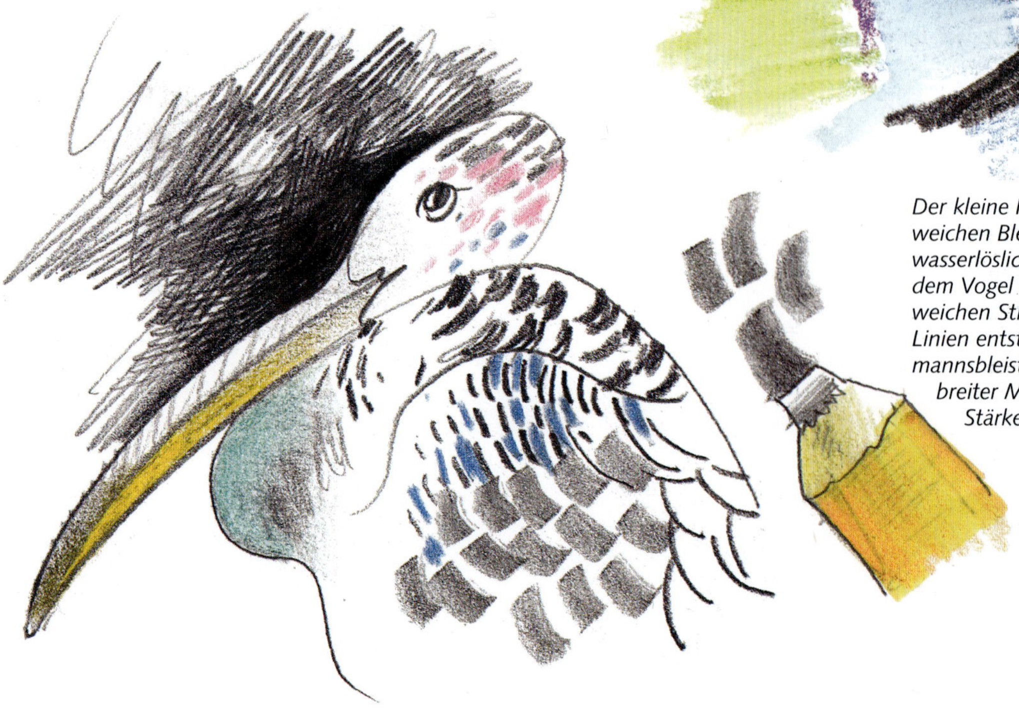

Der kleine Hund wurde mit einem sehr weichen Bleistift skizziert, seine Decke mit wasserlöslichen Farbstiften verziert. Bei dem Vogel links wurde mit harten und weichen Stiften gearbeitet. Die breiten Linien entstanden mit Hilfe eines Zimmermannsbleistiftes, einem flachen Stift mit breiter Mine, den man in verschiedenen Stärken kaufen kann.

Filz- und Faserstifte

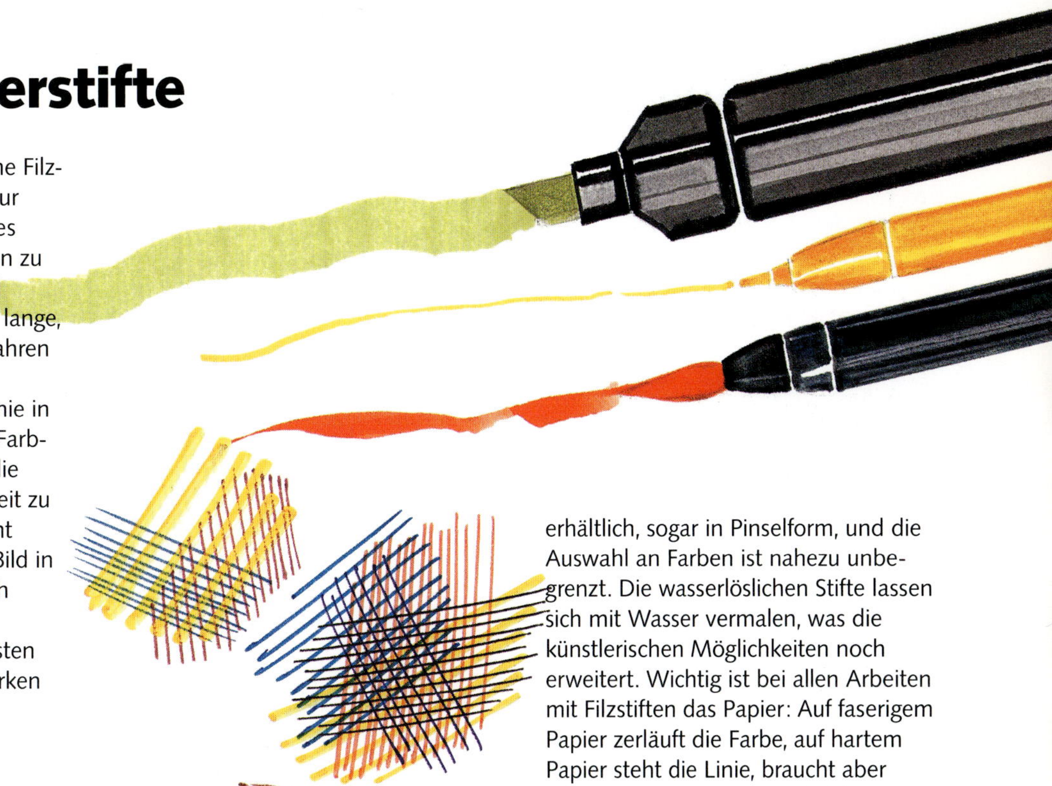

Jedes Kind kennt Filzstifte, und eine Filzstiftzeichnung zählt nicht gerade zur „ernsthaften“ Kunst. Trotzdem ist es anregend, einmal mit diesen Stiften zu experimentieren. Marker, Filz- und Faserstifte gibt es noch nicht allzu lange, sie wurden erst in den sechziger Jahren in Japan und Amerika entwickelt. Verwendet werden sie in erster Linie in der Werbung, wo es auf schnelle Farbskizzen und Entwürfe ankommt, die nicht dazu bestimmt sind, lange Zeit zu halten; die Stifte sind nämlich nicht lichtecht. Hängt man ein solches Bild in helles Licht, verliert es bereits nach wenigen Tagen seine Farben.
Die wasserlöslichen und wasserfesten Stifte sind in allen Breiten und Stärken erhältlich, sogar in Pinselform, und die Auswahl an Farben ist nahezu unbegrenzt. Die wasserlöslichen Stifte lassen sich mit Wasser vermalen, was die künstlerischen Möglichkeiten noch erweitert. Wichtig ist bei allen Arbeiten mit Filzstiften das Papier: Auf faserigem Papier zerläuft die Farbe, auf hartem Papier steht die Linie, braucht aber etwas Zeit zum Trocknen. Auf hartem Papier lassen sich die Farben ineinandermalen und auf diese Weise vermischen. Eine andere Möglichkeit, verschiedene Farbnuancen zu erzielen, ist das Schraffieren, in der Mitte sehen Sie ein paar Beispiele dazu.
Die Linien selbst verändern sich durch Drehung der Hand, auch die Geschwindigkeit spielt eine Rolle: Schnelle Striche verlaufen glatter als langsame. Werfen Sie angetrocknete Stifte nicht weg, die trockenen Linien kann man oft noch für eine Schraffur oder den Hintergrund verwenden.

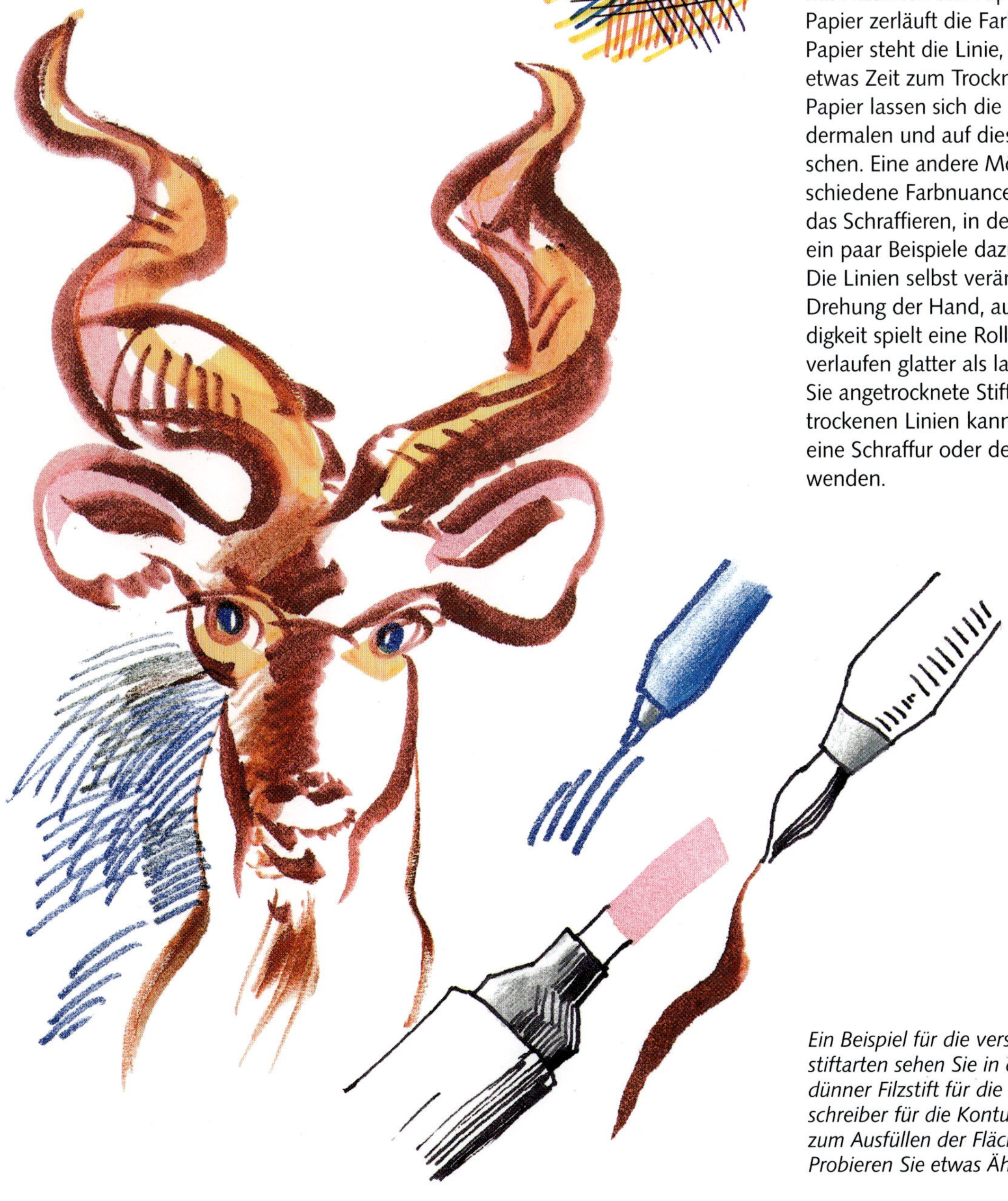

Ein Beispiel für die verschiedenen Faserstiftarten sehen Sie in dieser Skizze: dünner Filzstift für die Schraffur, Pinselschreiber für die Konturen und Marker zum Ausfüllen der Flächen.
Probieren Sie etwas Ähnliches!

Feder, Pinsel und Tusche

Die Federzeichnung gehört zu den klassischen Techniken der Kunst und ist daher als Zeichentechnik sehr bekannt und beliebt. Im Gegensatz zu den begrenzten Möglichkeiten der Stifte kann damit auch – im weitesten Sinne – gemalt werden. Mit ein wenig Übung bekommen Sie schnell ein Gefühl für die Technik. Verschwenden Sie ruhig ein bißchen Papier, denn Sie sollten sich mit den verschiedenen Eigenschaften von Feder, Tusche und Papier vertraut machen.

Feder und Tusche

Sie können mit losen Metallfedern arbeiten, die in einen Federhalter gesteckt werden, oder mit einem Tuschefüller, bei dem die Feder fest mit dem Halter verbunden ist und der mit Patronen gefüllt wird.
Sehr eigenwillige Ergebnisse erzielt man mit der Rohrfeder, die aus einem angespitzten Stück Bambus besteht und die in verschiedenen Stärken angeboten wird. Die klassische Tusche dazu ist schwarze Chinatusche, es gibt sie flüssig oder in fester Form mit Tuschestein zum Abreiben. Ich verdünne die Tusche gerne während des Zeichnens, indem ich die Feder kurz in Wasser tauche. Schwarze Tinte ist nur in konzentrierter Form wirklich schwarz, verdünnt bekommt sie einen bläulichen Ton. Denjenigen, die es gerne bunt haben, steht eine große Auswahl farbiger Tuschen zur Verfügung, mit denen man ebenso zeichnen wie malen kann. Achtung: Federn ebenso wie Pinsel sofort nach Gebrauch gut auswaschen, da sie sonst schnell unbenutzbar werden.

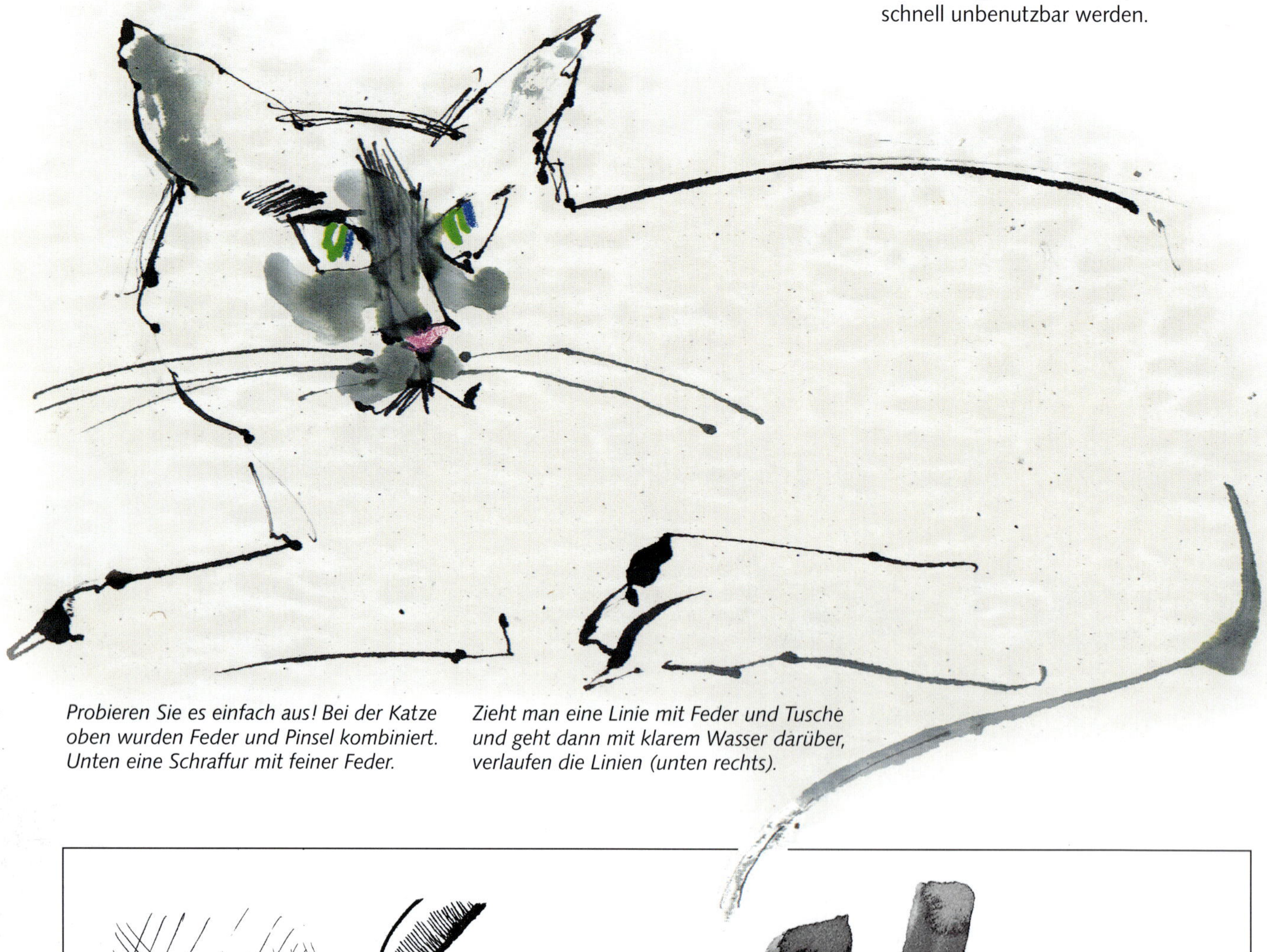

Probieren Sie es einfach aus! Bei der Katze oben wurden Feder und Pinsel kombiniert. Unten eine Schraffur mit feiner Feder.

Zieht man eine Linie mit Feder und Tusche und geht dann mit klarem Wasser darüber, verlaufen die Linien (unten rechts).

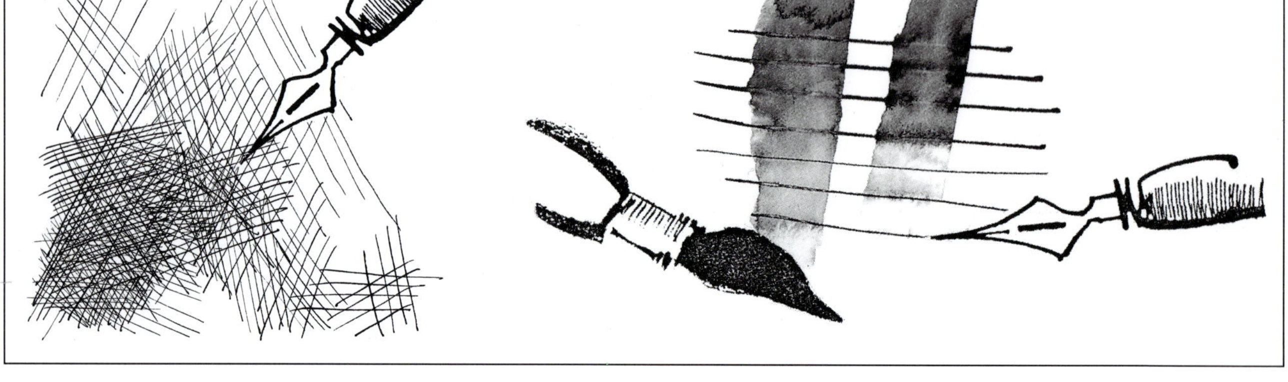

Zeichnen mit dem Pinsel

Zeichnen können Sie selbstverständlich auch mit jedem Pinsel, der nicht zu breit und klobig ist. Voraussetzung ist, daß die Pinsel eine gute Spitze haben, die so elastisch ist, daß sie sich nach jedem Strich wieder aufrichtet. Kaufen Sie also lieber nur zwei oder drei qualitativ hochwertige Pinsel (Marderhaar- oder Chinapinsel) statt mehrere billige, die die Haare verlieren oder sich nach den ersten zwei Strichen verbiegen.

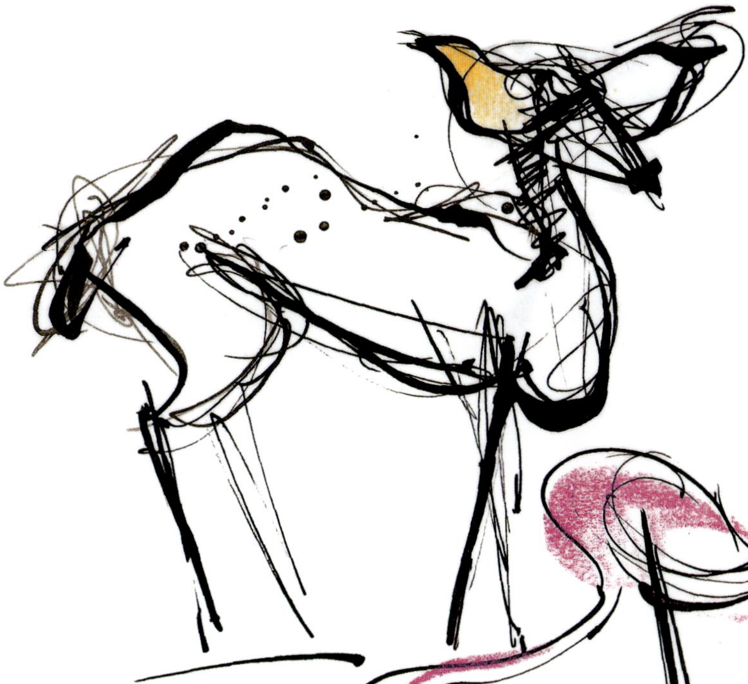

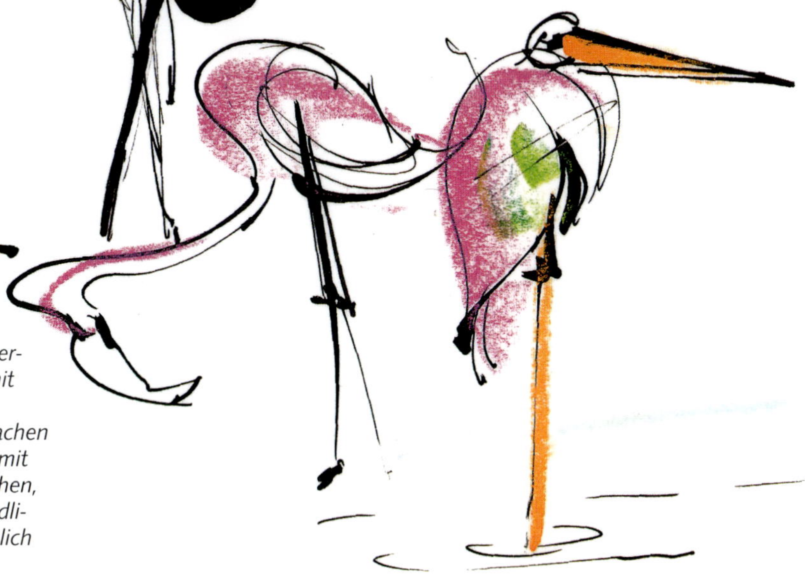

Oben sehen Sie eine paar schnelle Tierskizzen mit der Feder, die ich dann mit ein paar Kreidestrichen belebt habe. Unten Versuche, die Sie zum Nachmachen anregen sollen (von links): Schraffur mit breiter Feder, Pflanzen aus Pinselstrichen, weiche Zeichenfedern mit unterschiedlichem Druck angewendet und schließlich Linien mit der Breitbandfeder.

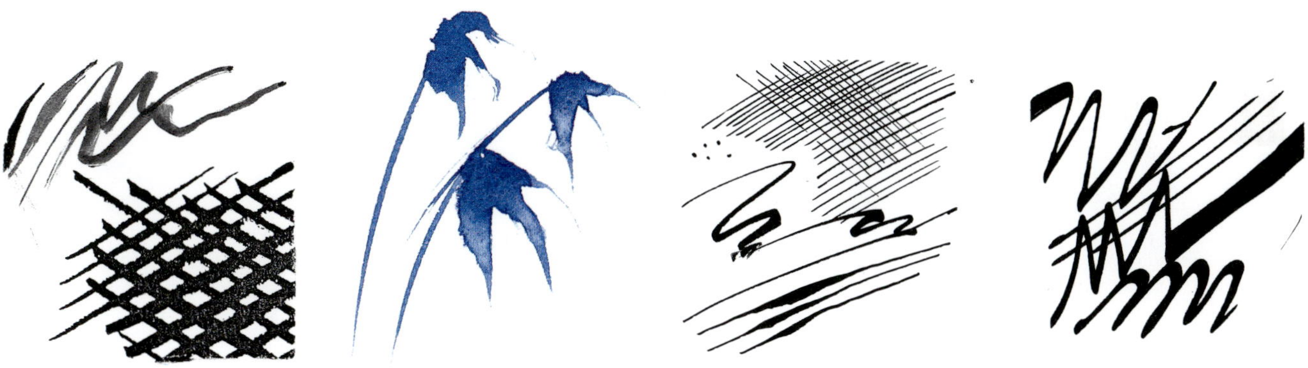

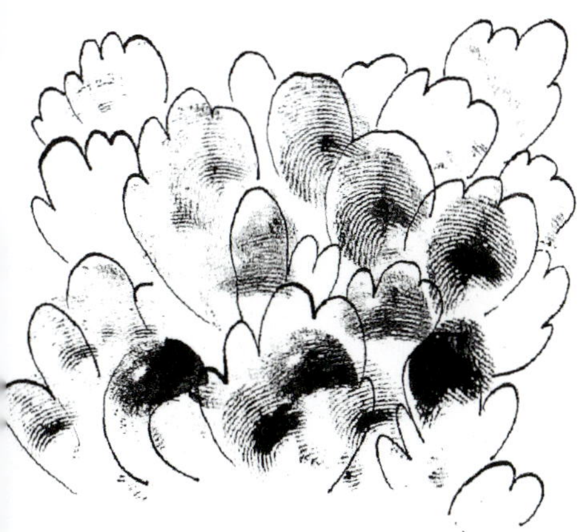

Der Pinsel reagiert schon auf ganz leichte Bewegungen der Hand, wodurch sich Form und Stärke der Linien verändern. Machen Sie eine einfache Übung: Tauchen Sie den Pinsel leicht in die Tusche (er sollte nicht tropfen) und bewegen Sie ihn locker, ohne die Hand aufzulegen, über das Papier. Drehen Sie den Pinsel dabei und drücken Sie einmal stärker und einmal schwächer auf. Sie werden erstaunt sein, wie nuancenreich eine einzige Linie sein kann. Und experimentieren Sie ein bißchen: Links sehen Sie zum Beispiel, wie aus Fingerabdrücken und Federlinien Pflanzen werden.

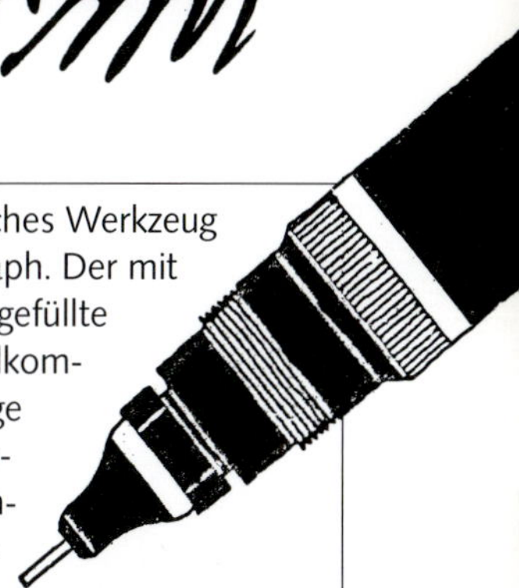

Ein eher technisches Werkzeug ist der Rapidograph. Der mit Tuschepatronen gefüllte Stift zeichnet vollkommen gleichmäßige Linien. Um unterschiedliche Strichstärken zu erhalten muß man verschieden starke Schreiber verwenden. Wichtig beim Arbeiten ist, daß man den Stift immer senkrecht hält. Sobald man ihn nämlich zu schräg ansetzt, läuft die Tusche nicht mehr nach.

Kohle und Kreiden

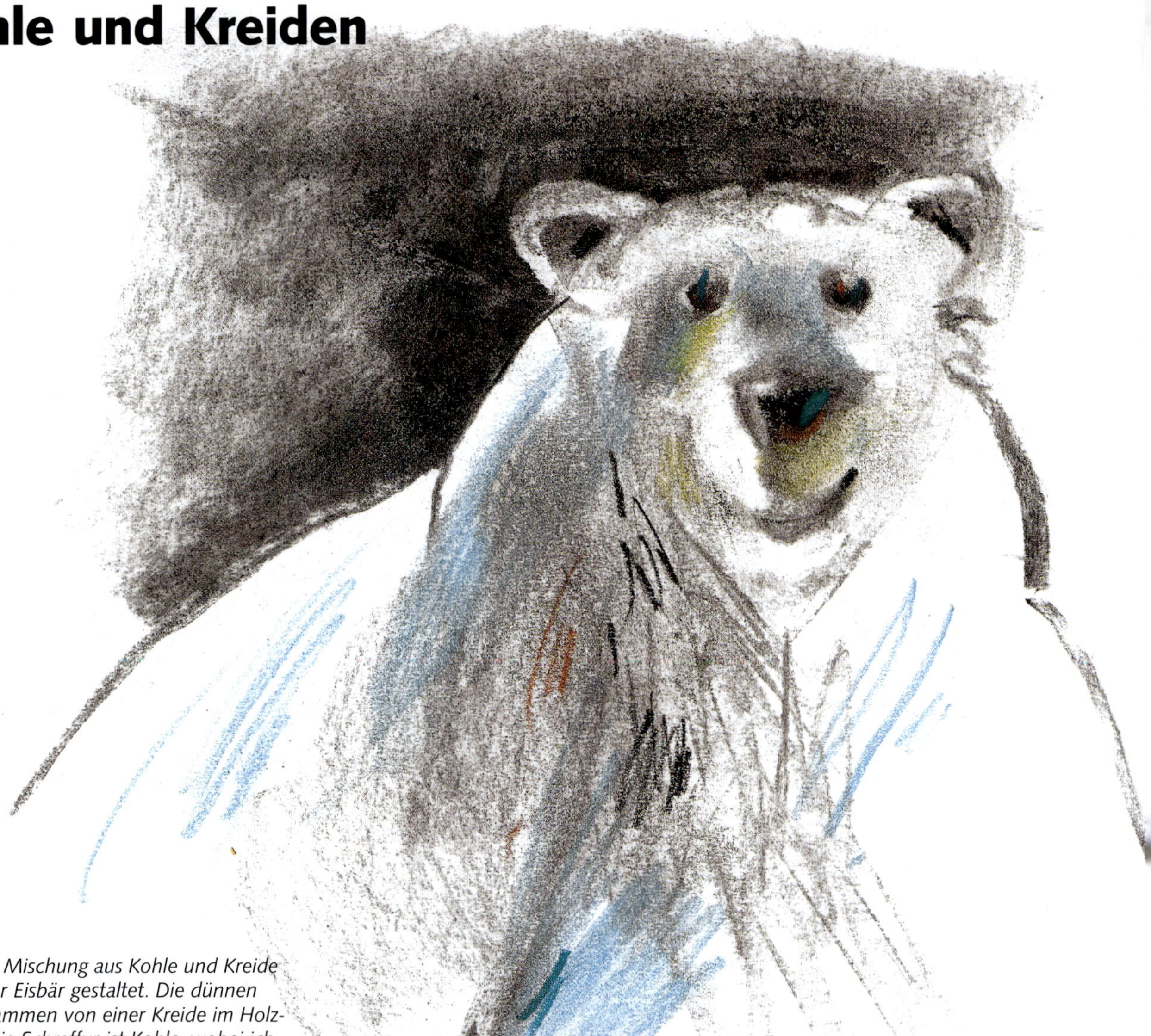

Mit einer Mischung aus Kohle und Kreide wurde der Eisbär gestaltet. Die dünnen Linien stammen von einer Kreide im Holzmantel, die Schraffur ist Kohle, wobei ich ein kurzes Stück flach über das Papier gezogen habe.

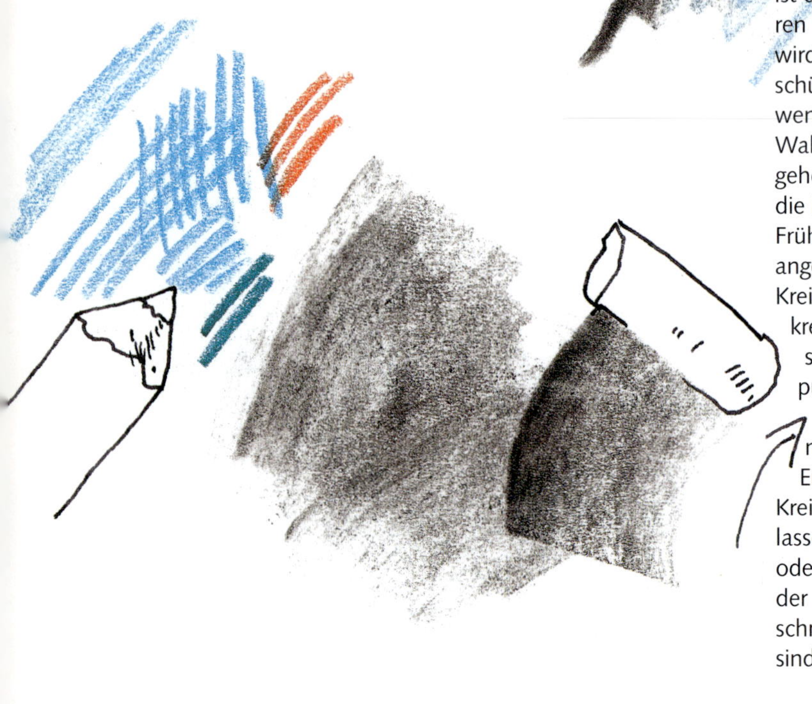

Beschäftigen wir uns zuerst mit der Kohle. Man kann Sie ebenso für detaillierte Studien wie zum Skizzieren einsetzen. Einen Nachteil hat sie allerdings: Alles verschmiert sehr leicht. Dafür ist der Strich vielseitig, und gewolltes Verwischen und Radieren kann interessante Effekte ergeben. Wie auf Seite 8 erwähnt, wird Kohle im Holzmantel angeboten oder in Form von ungeschützten Kohlestäben, die man zugespitzt oder stumpf verwenden kann (beides sehen Sie gut bei dem Eisbären). Wahrscheinlich haben Sie auch schon einmal von Rötel gehört. Das ist eine rötlichbraune Kreide mit Eisenoxidanteil, die heute allerdings nur noch selten Verwendung findet. Früher wurden Rötelzeichnungen häufig auf getöntem Papier angefertigt und mit weißer Kreide Glanzlichter dazugesetzt. Kreiden gibt es in drei verschiedenen Ausführungen: Pastellkreiden, Ölpastellkreiden und Wachskreiden. Pastellkreiden sind die empfindlichsten. Nur aus Bindemitteln, Erden und pulverisierten Pigmenten bestehend, können sie jedoch auch sehr leicht vermalt werden. Ein Bild in Pastellkreiden muß nach Fertigstellung fixiert werden, da es sonst verschmiert. Eine etwas härtere Ausführung der Pastellkreiden sind Conte-Kreiden, die sich allerdings schwerer verreiben und mischen lassen. Bei Öl- und Wachskreiden werden die Pigmente mit Öl oder Wachs vermischt. Ihr Farbauftrag wirkt spröder als der der Pastellkreiden – wobei sich die Ölkreiden immer noch schmiegsamer verarbeiten lassen als die Wachsstifte –, beide sind jedoch nicht so empfindlich wie Pastellkreiden.

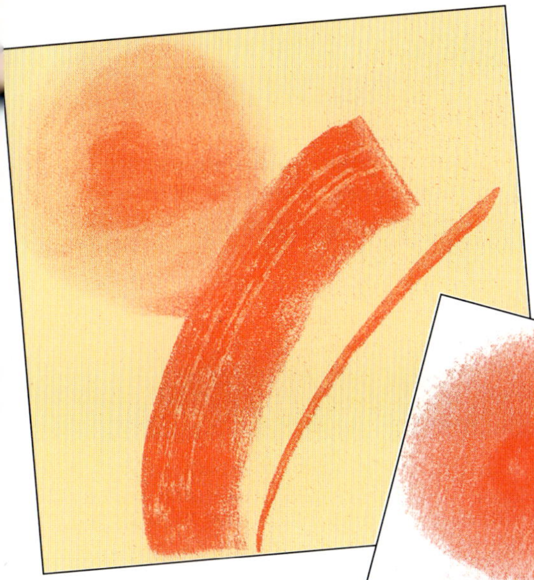

Das Papier spielt bei Kreiden, besonders bei den feinen Pastellkreiden, eine wichtige Rolle. Auf glattem Papier werden die Striche deckend und lassen sich zu gleichmäßigen Flächen verreiben, auf rauhem Papier bleiben die Farben dagegen nur auf den höherstehenden Teilen haften, so daß durch die Papierstruktur schon eine Art Muster entsteht. Auch beim Verreiben erreicht die Farbe nicht unbedingt alle Tiefen des Papiers. Machen Sie also zuerst auf kleinen Papierresten einige Versuche, um die Wirkung der Kreiden kennenzulernen. Speziell für Pastellkreiden wurden Samtpapiere (auch als Block erhältlich) entwickelt, auf denen die Farben fest haften, sich allerdings kaum verreiben lassen.

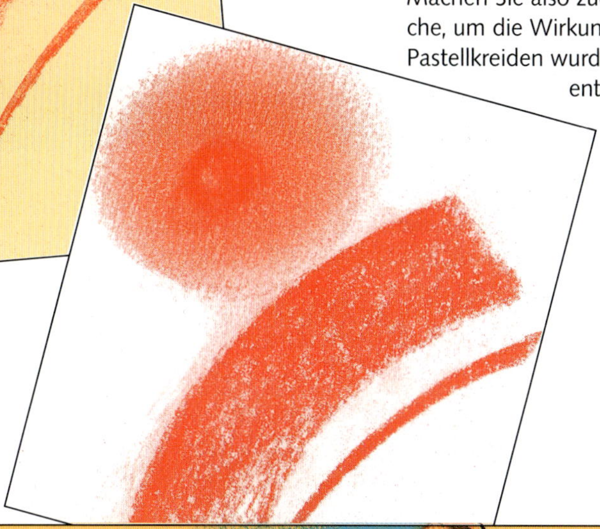

Vergleichen Sie die Pastellkreidelinien auf dem weichen (gelblichen) Papier und dem rauhen darunter. Die Struktur der Linien und des verriebenen Kreises unterscheiden sich deutlich voneinander. Mit Ölkreiden auf rauhem Papier habe ich den Löwen skizziert, die Struktur unterstreicht den Fellcharakter.

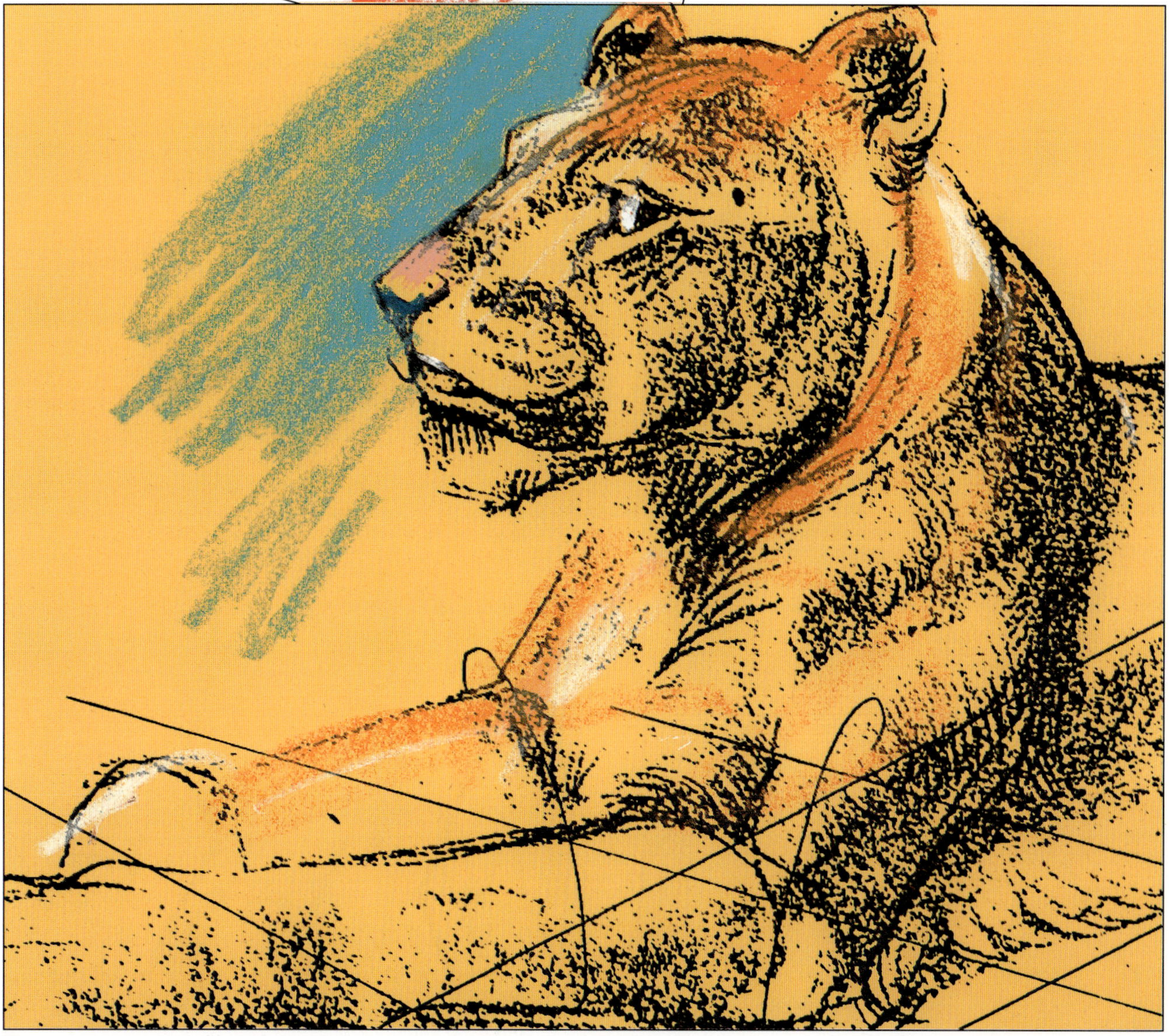

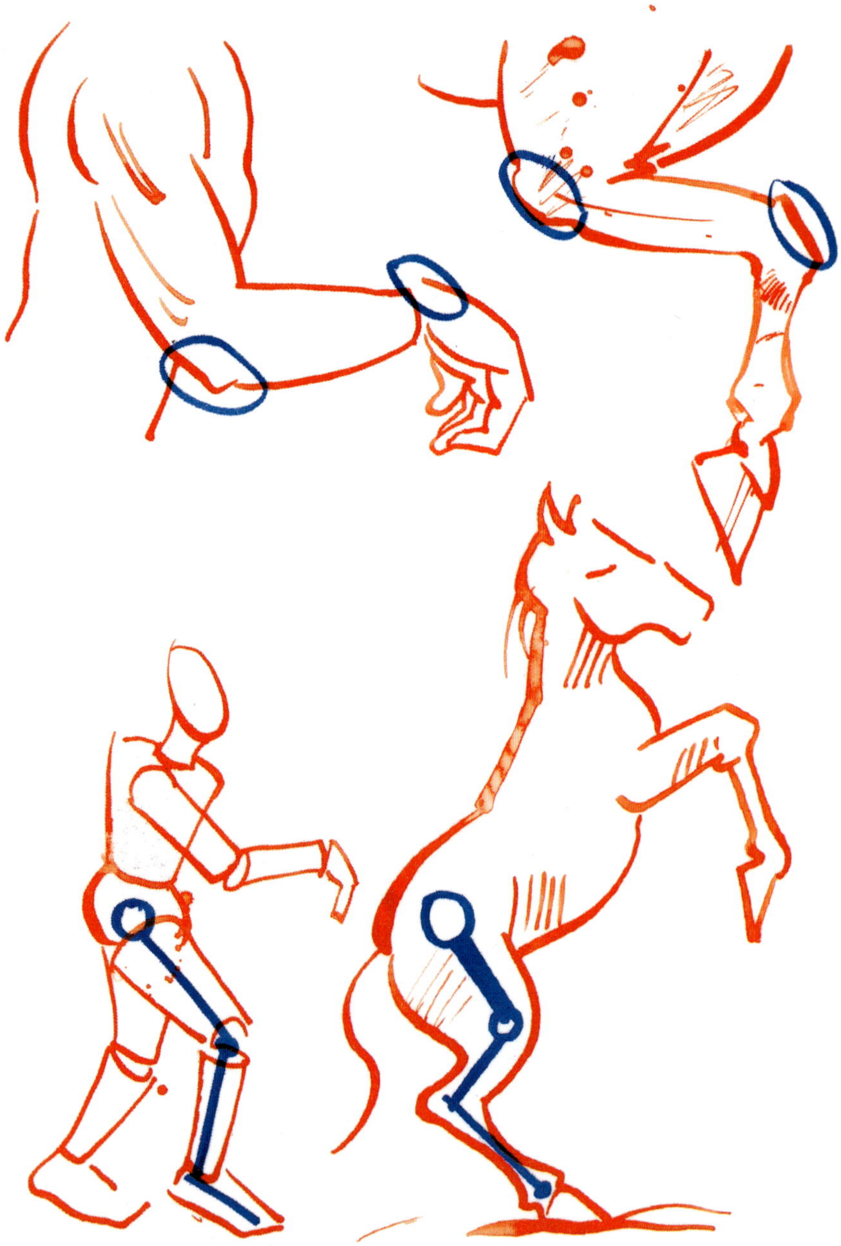

Der Aufbau des Tierkörpers unterscheidet sich gar nicht so sehr von dem des Menschen.

Anatomie

Unter Anatomie verstehen wir hier weniger den funktionellen Aufbau eines Tierkörpers als vielmehr die Konstruktion, die uns hilft, die Proportionen und die Bewegung von Tieren darstellen zu können.

Es gibt einige anatomische Prinzipien, die bei vielen verschiedenen Tieren übereinstimmen. Der Knochenaufbau unterscheidet sich dabei gar nicht so sehr von dem des Menschen. Die Vorderbeine eines Tieres entsprechen ungefähr unseren Armen, die Hinterbeine unseren Beinen. Lediglich die Größenverhältnisse sind anders. So entspricht der „Unterarm" eines Pferdes (= mittlerer Teil des Vorderbeines, vergleiche Skizzen oben links) in etwa dem des Menschen vom Ellbogen bis zum Handgelenk. Ein Pferd hat auch wie wir Knie und Fußgelenk, nur der „Fuß" ist natürlich ganz anders. Sie können die Ähnlichkeiten gut an den Skizzen links erkennen. Häufig wird beim Zeichnen der Fehler begangen, die Beine erst dort anzusetzen, wo sie äußerlich sichtbar werden. Doch bei Mensch wie Tier setzen die „Arme" und „Beine" an Schultern und Hüften an. Als Beispiel sehen Sie unten ein Pferd und einen Elefanten. Versuchen Sie, sich diesen Aufbau einzuprägen, denn er wird Ihnen bei nahezu allen Tieren helfen, Haltung und Bewegung leichter nachzuempfinden.

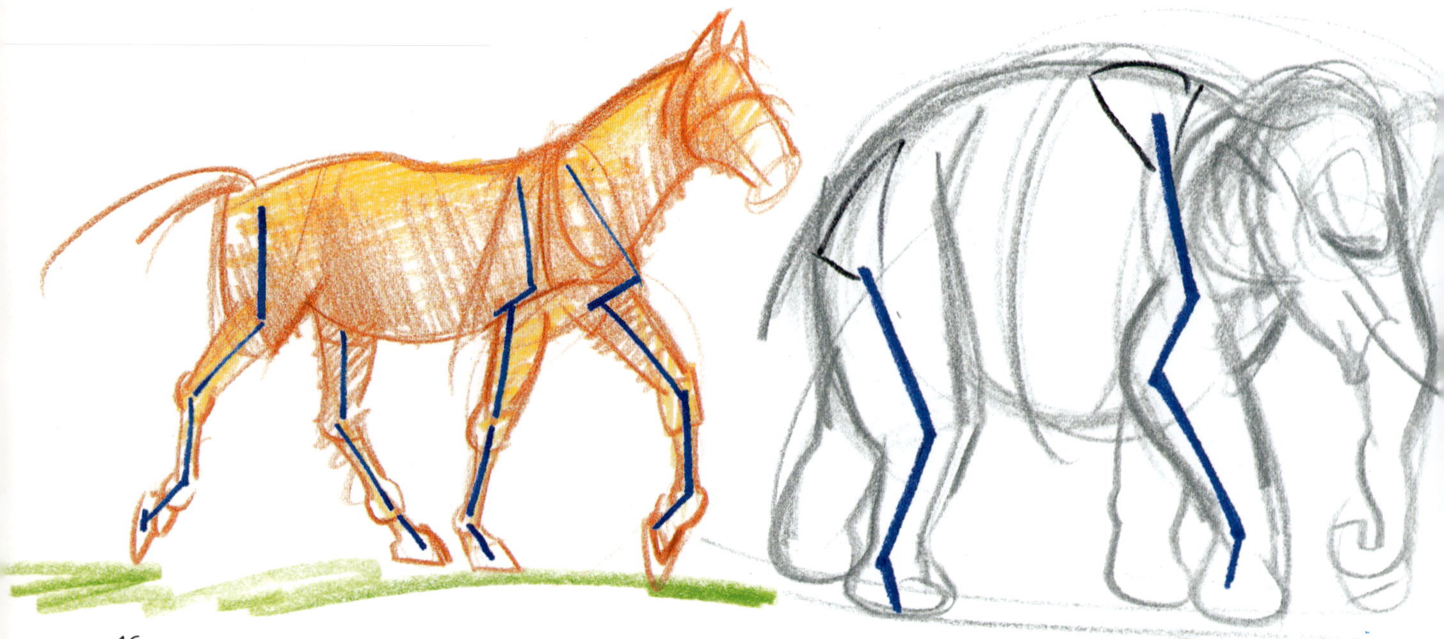

Arme und Beine sind über Schulterblätter und Hüfte mit der Wirbelsäule verbunden. Wenn man sich zunächst einmal nur auf diese Verbindungslinien konzentriert und die übrigen Körperteile und das Fell vernachlässigt, ist es gar nicht mehr so schwer, sich die jeweilige Körperhaltung und Bewegung des Tieres zu vergegenwärtigen. Ein gutes Beispiel sind die Strichhunde rechts.
Tiere sind meistens schwer zu zeichnen, da sie nicht auf Zuruf stillhalten und ziemlich unruhige Modelle abgeben. Deshalb ist es wichtig, ihre Art und ihren Gang in vielen Skizzen zunächst genau zu beobachten, bevor man zu zeichnen anfängt. Versuchen Sie schon bei den Vorzeichnungen, immer das ganze Tier zu erfassen, und skizzieren Sie am besten erst einmal Strichtiere, mit denen Sie die Bewegungen ihres Modells studieren können.

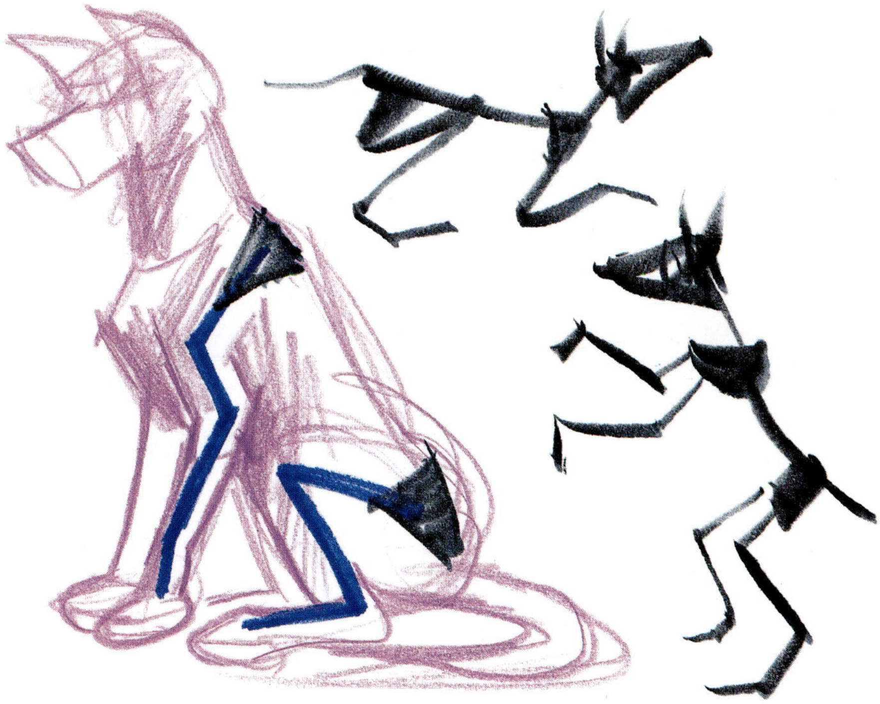

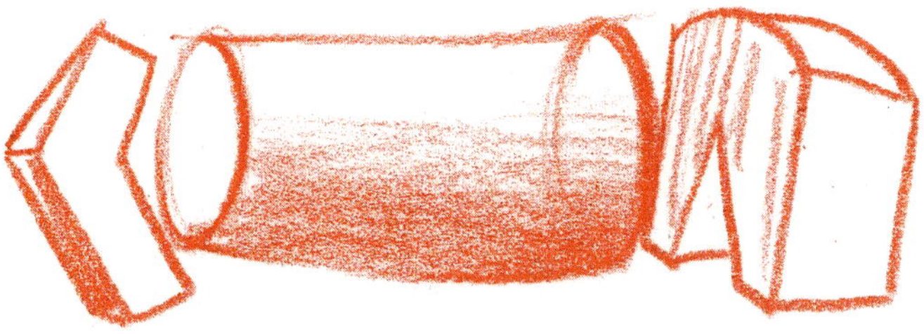

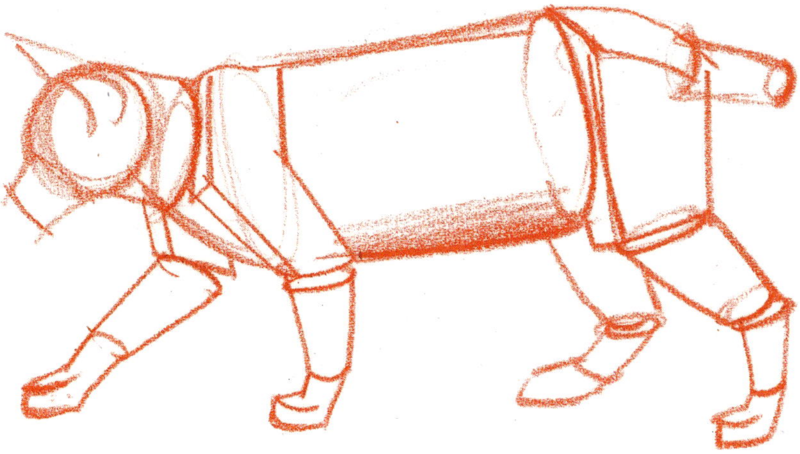

Vereinfachen

Eine große Hilfe beim Zeichnen ist das Vereinfachen. Oft kann man wegen eines dicken oder langhaarigen Fells den Körperbau nur schlecht erkennen. Lassen Sie sich dadurch nicht irritieren, und versuchen Sie, den Körper auf seine Grundformen zu reduzieren. Fast jedes Motiv läßt sich in Kreis, Dreieck, Viereck oder Oval, beziehungsweise Kugel, Kegel, Quadrat oder Zylinder, umsetzen. Damit verdeutlicht man sich nicht nur Haltung und Proportionen, sondern auch die Plastizität des Körpers. Ich zeichne diese Vereinfachungen leicht vor und lege dann die genauen Details mit kräftigeren Strichen darüber. Es stört auch nicht, wenn diese skizzierten Grundformen in der fertigen Zeichnung durchscheinen.

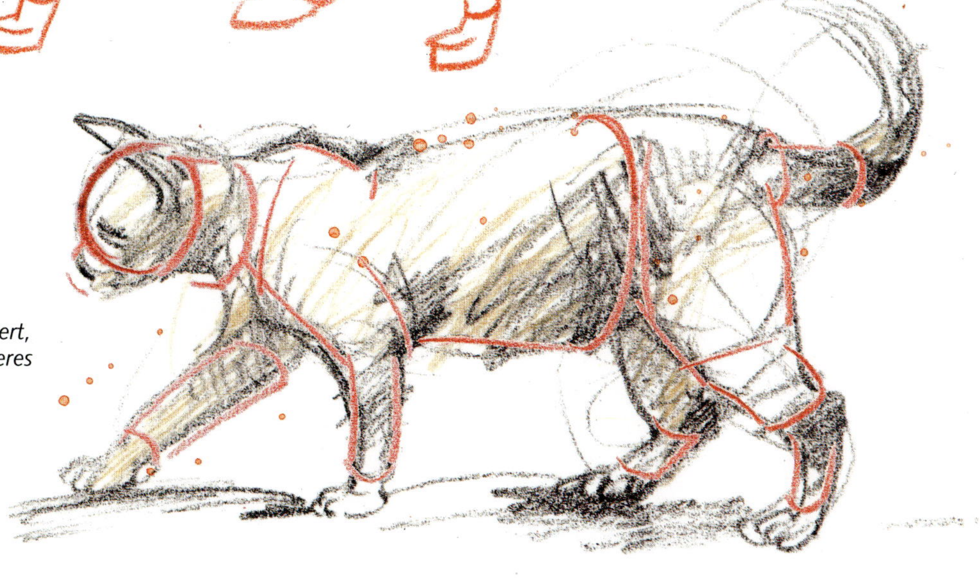

Auf plastische Grundformen reduziert, wird einem der Körperbau eines Tieres schnell klar.

Licht und Schatten

Für jede Form, seien es Gegenstände, Pflanzen oder Lebewesen, spielt das Licht eine wichtige Rolle. Aus einem Kreis wird mit Hilfe des Lichts, das Schatten auf die Unterseite wirft, eine Kugel. Auch ein Tier wirkt vollkommen flach, wenn es nur linear gezeichnet wird. Erst Licht und Schatten modellieren den Körper. Um sich mit diesem Thema vertraut zu machen, rate ich Ihnen zu einigen Übungen:
Suchen Sie sich einen einfachen Gegenstand und stellen Sie ihn vor verschiedene Lichtquellen, lassen Sie also das Licht einmal von oben, einmal von links, einmal von rechts usw. auf den Gegenstand fallen. Beobachten Sie dabei die Veränderungen, die das Licht bewirkt. Diese Beobachtungen werden Ihnen auch beim Zeichnen von Tieren helfen. Bei den Beispielen unten kommt das Licht von rechts oben. Sie sehen, wie aus den einfachen Kreisen durch den Schatten plastische Formen werden. Wir unterscheiden zwei Arten von Schatten: den Körper- oder Eigenschatten und den Schlagschatten. Wie der Name schon sagt, liegt der Körperschatten auf dem Körper selbst, er bestimmt die Form des Objekts. Der Schlagschatten dagegen liegt auf dem Untergrund, auf dem das Objekt steht (sitzt oder liegt) und zeigt uns damit die Position des Körpers im Raum an. Die Länge des Schlagschattens hängt vom Stand des Lichts ab. Kommt das Licht von oben, ist der Schatten relativ kurz, er wird länger, je tiefer die Lichtquelle steht. Beim Zeichnen scheint ein Objekt schnell zu

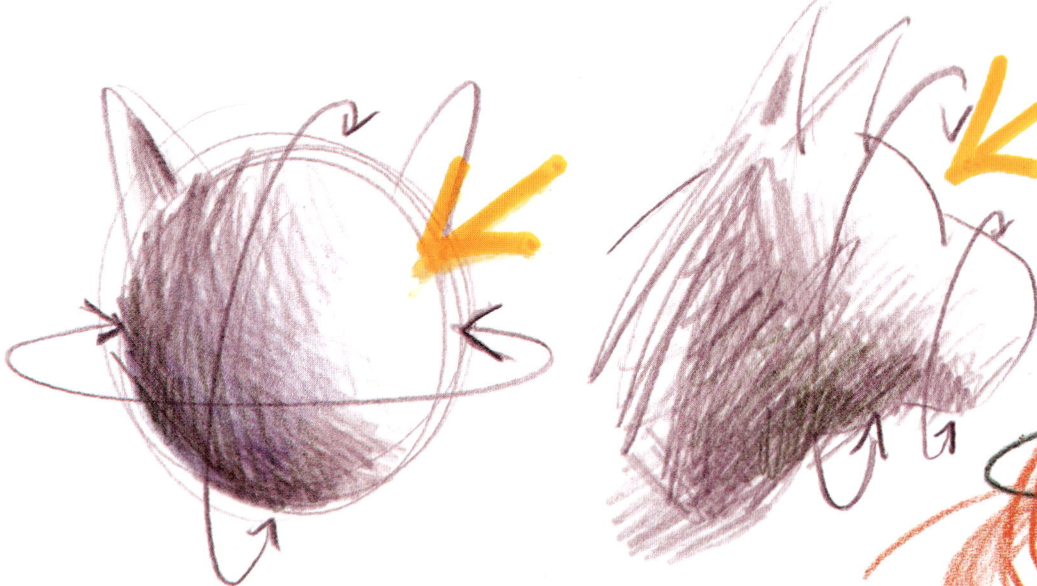

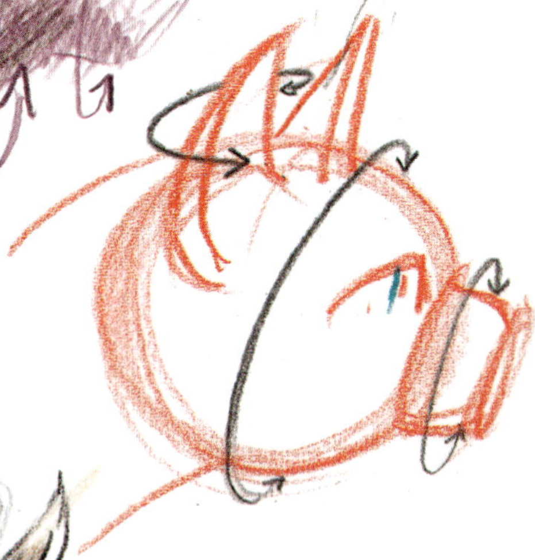

Durch den Schatten wird der Kopf geformt, die Rundung wird deutlich, ebenso die Form der Ohren. Das Licht kommt in diesen Beispielen von rechts oben.

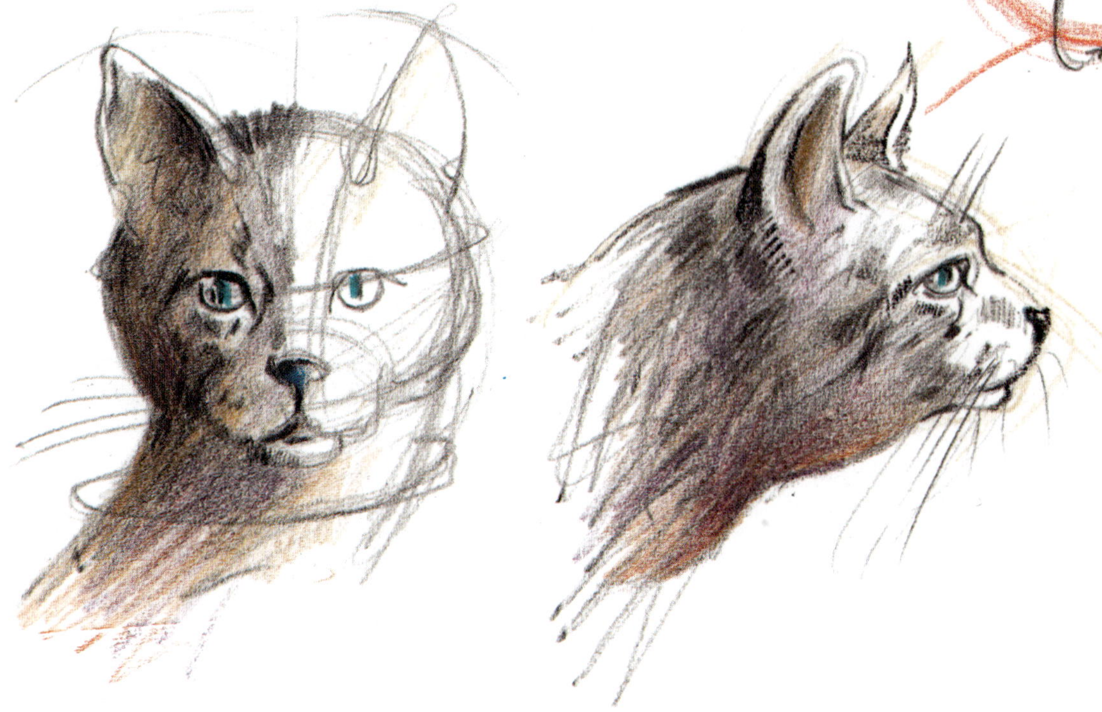

schweben, wenn der Schlagschatten nicht wenigstens angedeutet ist. Ich habe mir deshalb angewöhnt, selbst bei Skizzen den Schatten und damit den Boden, auf dem sich zum Beispiel ein Tier befindet, mit wenigen Linien anzudeuten.
Wenn Sie unsicher sind und Ihnen die Form eines Tieres zu kompliziert erscheint, ist es, wie schon besprochen, das einfachste, alle überflüssigen Details zunächst wegzulassen und sich auf die Grundformen zu konzentrieren. An diesen Grundformen lassen sich auch die Schatten festlegen, man wird sich dabei über Rundungen, Vertiefungen und Erhöhungen klar. Natürlich ist es leichter, Tiere mit glattem, kurzem Fell zu zeichnen, weil der Körper vollständig zu sehen ist. Doch auch flauschiges Fell muß kein Problem sein, wenn man sich zuerst über die Körperform in einfacher Konstruktion klar wird.

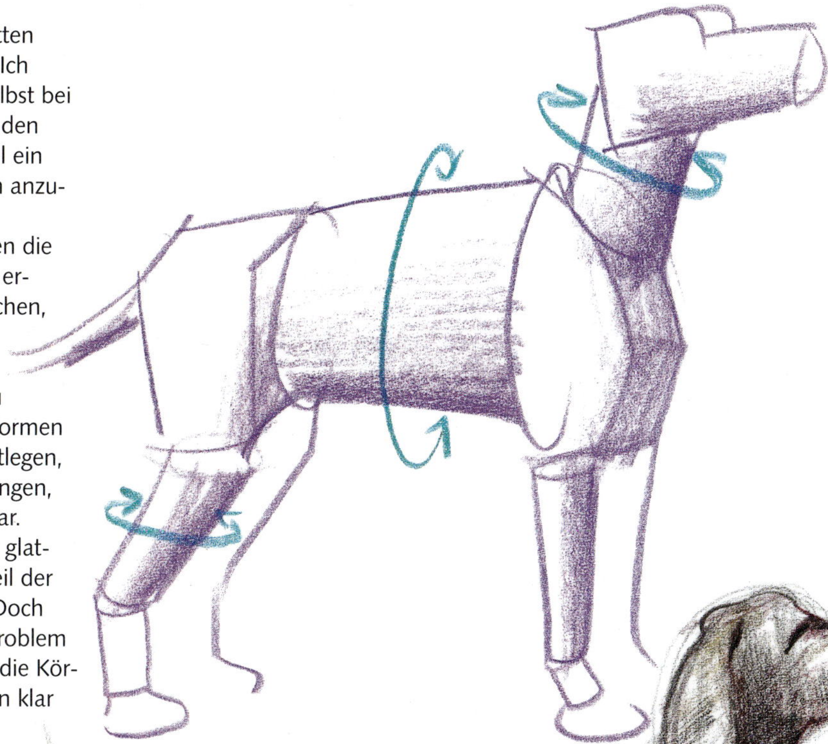

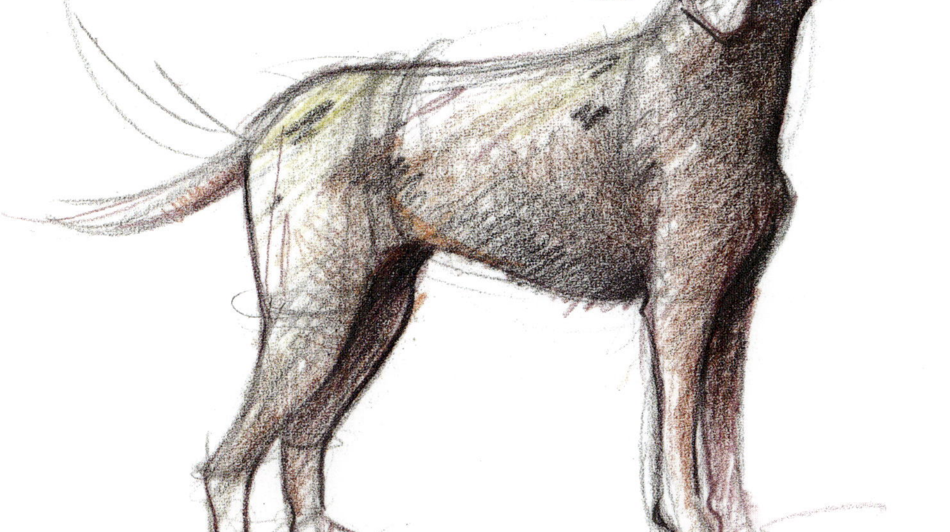

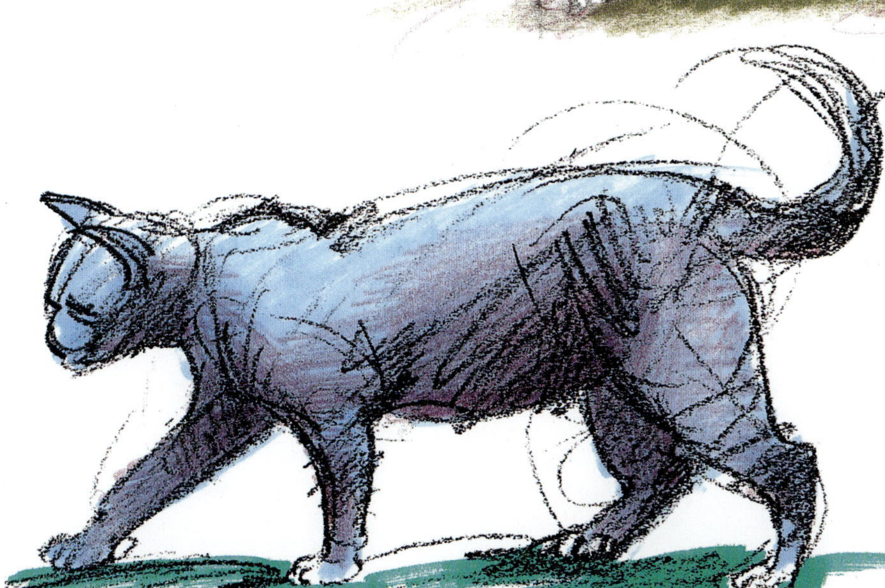

Vergleichen Sie die Katze links mit der von Seite 17. Der stärker ausgearbeitete Schatten gibt dem Körper hier viel mehr Form, er wirkt runder und damit plastischer. Durch den Schlagschatten stehen beide Tiere fest auf dem Boden. Auch der Sprung eines Tieres könnte mit Hilfe des Schlagschattens gut dargestellt werden. Der Schatten hätte in diesem Fall keine Verbindung zum Körper und würde damit den Abstand zum Boden anzeigen.

Vereinfachen und Umsetzen

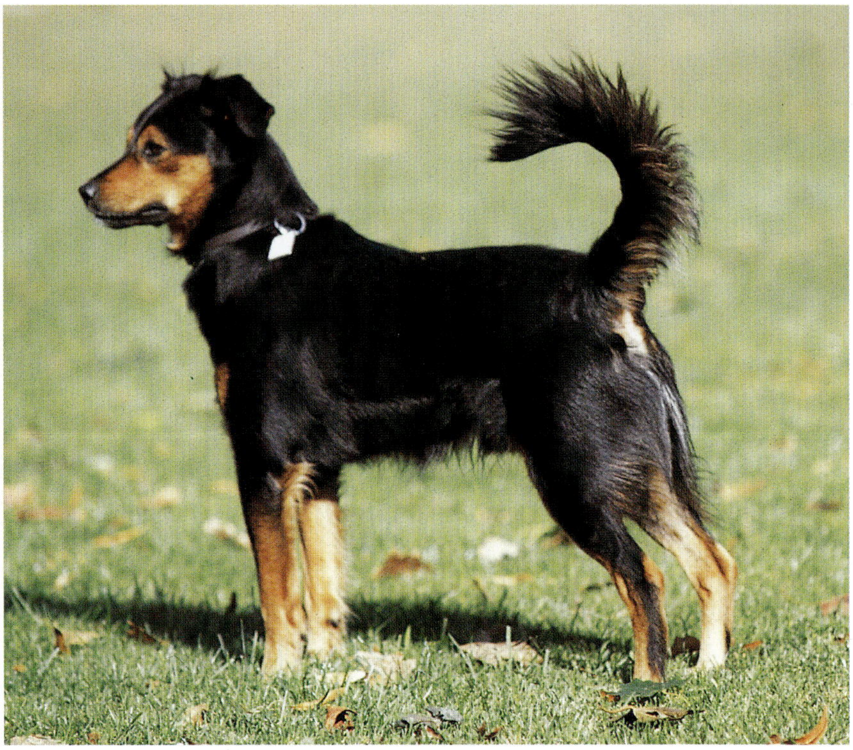

Da man nicht jedes einzelne Haar eines Fells oder jede Feder eines Vogels zeichnen kann, ist man auch hier gezwungen, zu vereinfachen. Außerdem sollte man eine Technik wählen, deren Eigenschaften dem Aussehen des Tieres entgegenkommen (siehe unten).
Zunächst aber wird das Tier – wie schon besprochen – auf seine Grundformen reduziert, also möglichst einfach dargestellt. Sehen wir uns diese Vorgehensweise noch einmal an einem Beispiel an. Auf den ersten Blick scheint es ganz einfach, den auf dem Foto abgebildeten Hund nachzuzeichnen. Doch bei den ersten Skizzen stellte ich fest, daß es sich hier nicht um eine einfache Seitenansicht handelt, sondern daß der Hund von vorne rechts nach hinten links blickt.

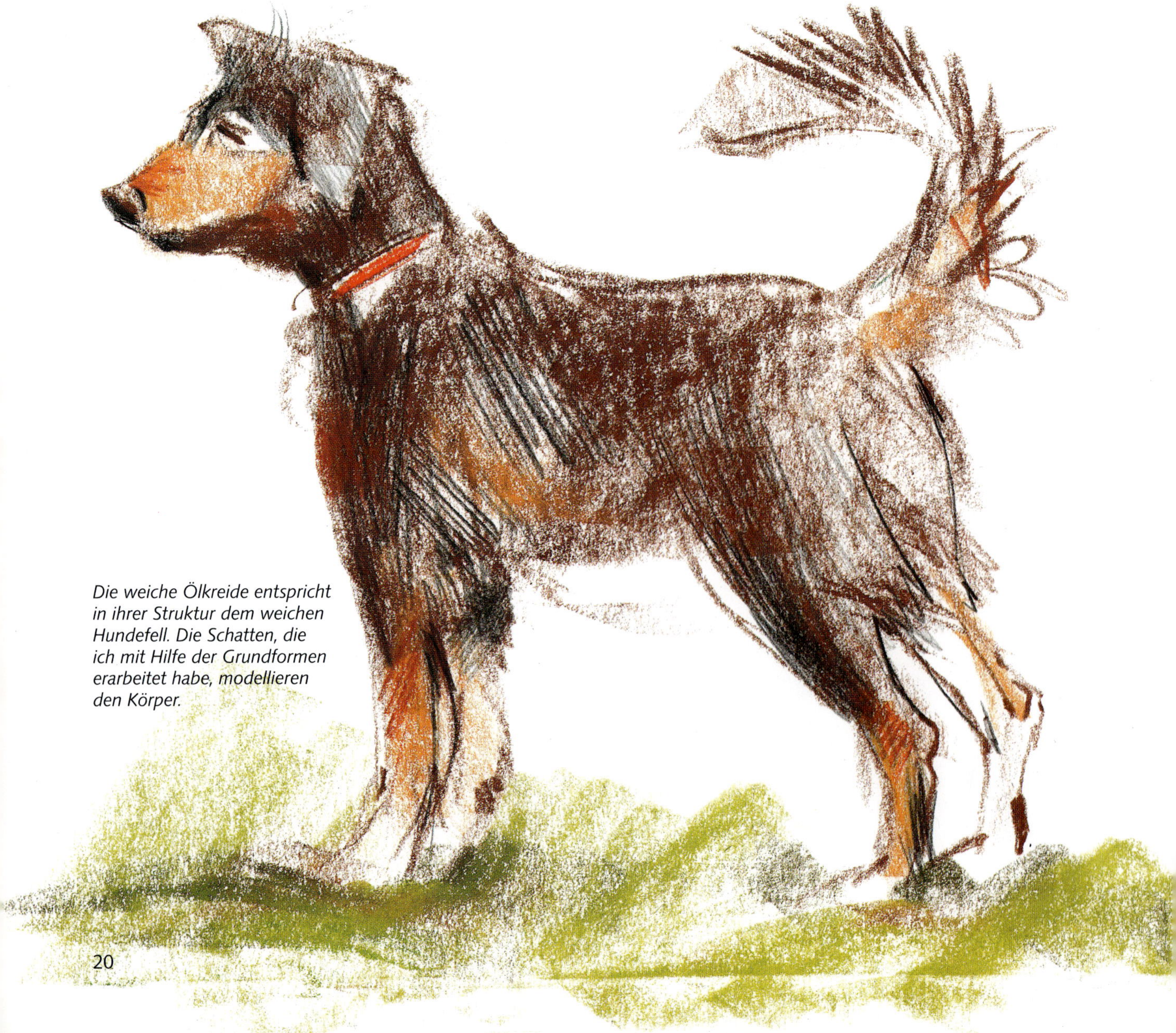

Die weiche Ölkreide entspricht in ihrer Struktur dem weichen Hundefell. Die Schatten, die ich mit Hilfe der Grundformen erarbeitet habe, modellieren den Körper.

Erst durch die vereinfachte Konstruktionszeichnung mit dazugehörenden Schatten wurde mir klar, wie der Hund tatsächlich steht. Der nächste Punkt betraf das Fell, das kurz, aber weich ist. Kreiden boten sich an (linke Seite), da ihre weiche Struktur dem ebenfalls weichen Fell entgegenkommt. Ich habe daher den Grund mit Ölkreiden angelegt. Obwohl mein Modell ein schwarzes Fell hat, habe ich bei meiner Zeichnung Braun als Hauptton eingesetzt. Schwarz findet sich nur noch in den wenigen Bleistiftschraffuren. Die hellen Stellen des Fells habe ich jedoch beibehalten.
In einem zweiten Bild habe ich dann mit Tusche und Feder gearbeitet. Eine Schraffur mit einer Metallfeder erschien mir allerdings zu hart und glatt, aus diesem Grund habe ich eine Gänsekielfeder verwendet, die weich und elastisch ist. Bei starkem Druck und Schräghaltung wird der Strich sehr breit, wie Sie an dem Schwanz sehen. Versuchen Sie doch einmal, den Hund mit wasserlöslichen Farbstiften zu zeichnen, wobei Sie auf meiner Konstruktion aufbauen können.

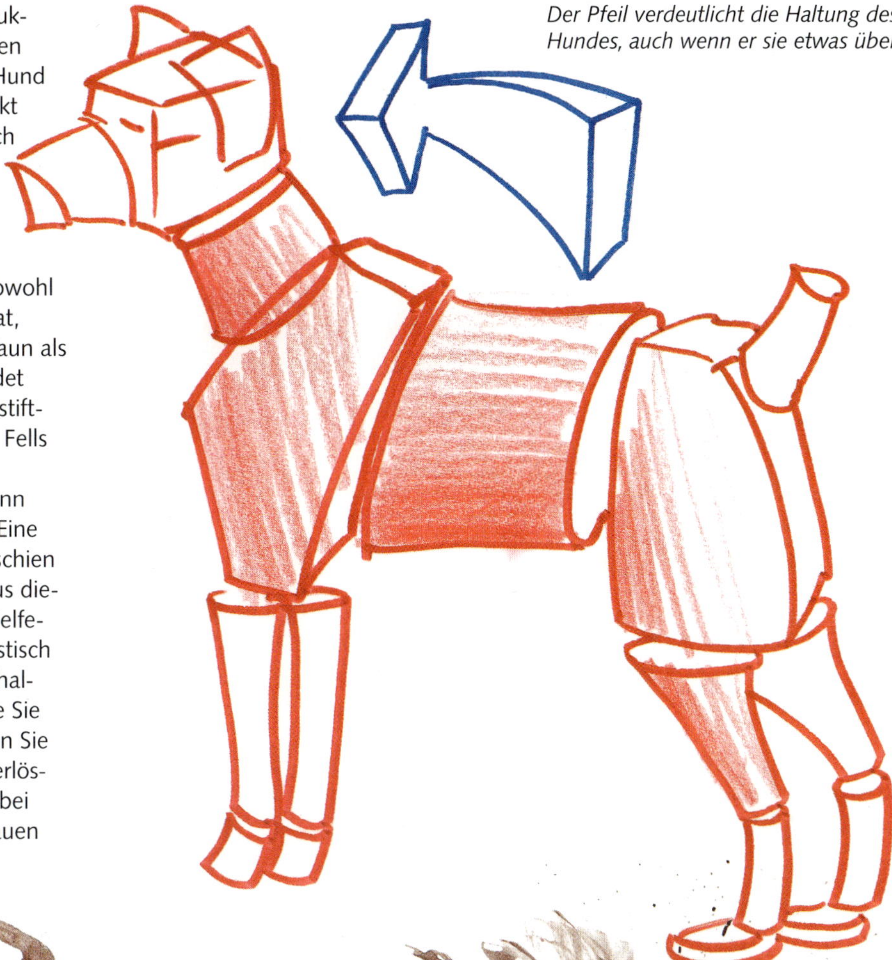

Der Pfeil verdeutlicht die Haltung des Hundes, auch wenn er sie etwas übertreibt.

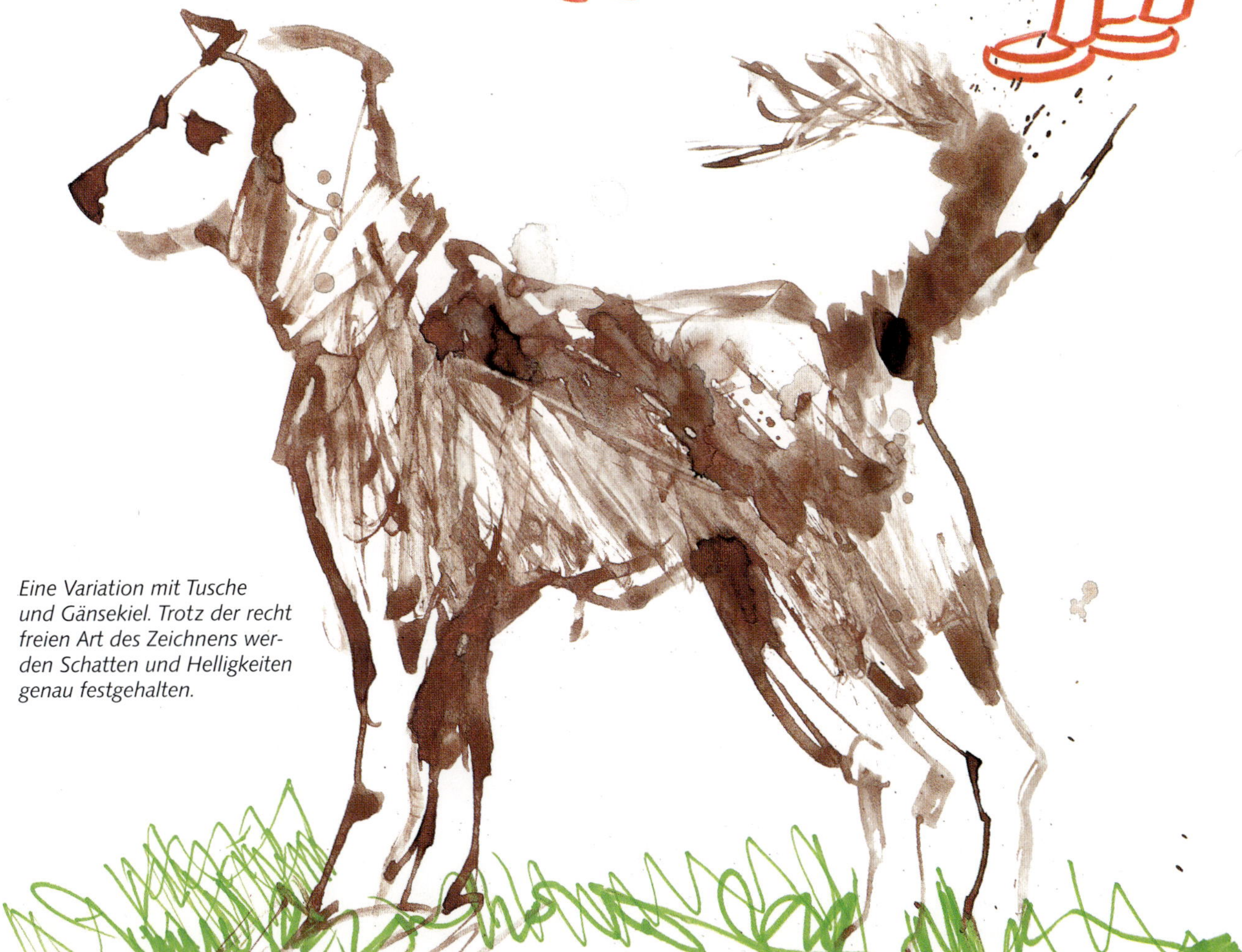

Eine Variation mit Tusche und Gänsekiel. Trotz der recht freien Art des Zeichnens werden Schatten und Helligkeiten genau festgehalten.

Komposition

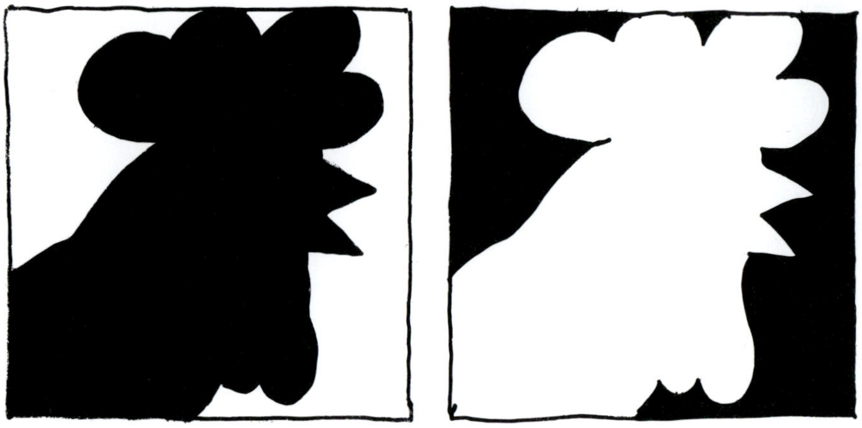

Nicht nur das Zeichnen allein, auch die Komposition, der Bildaufbau und die Verteilung der einzelnen Flächen sind für jedes Bild von großer Bedeutung. Bei Skizzen zu Studienzwecken spielen diese Punkte vielleicht keine so große Rolle, wohl aber bei Bildern, die Sie gezielt entwerfen und ausarbeiten.

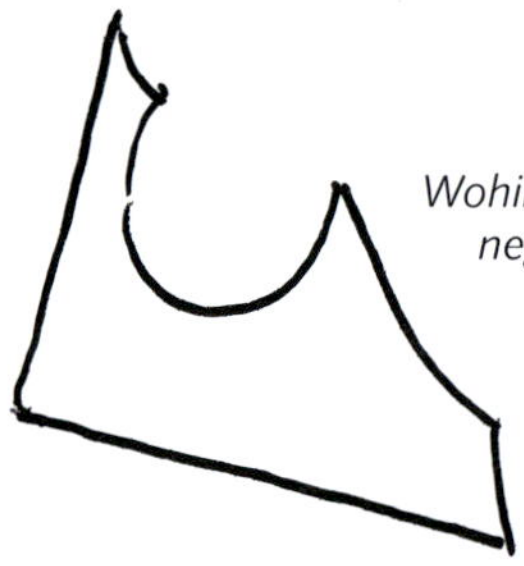

Wohin gehört diese negative Fläche?

Positive und negative Flächen

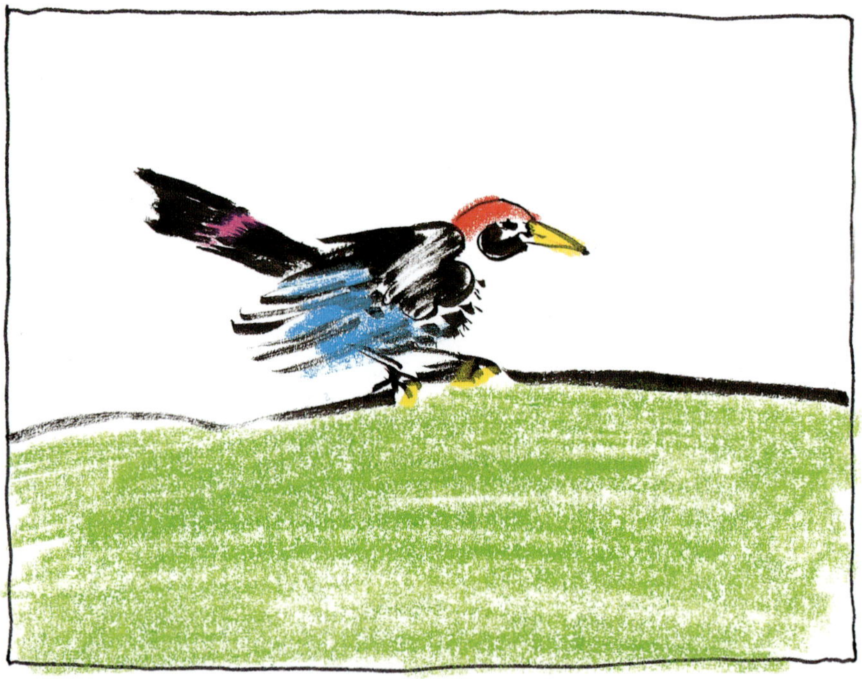

Ist Ihnen schon einmal aufgefallen, daß sich durch die Begrenzung des Papiers Formen zwischen dem Motiv und der Umrandung ergeben? Es handelt sich dabei um die negativen Flächen, die die positiven Flächen des Motivs umgeben. Negative Flächen spielen in der Gesamtkomposition eine ebenso wichtige Rolle wie die positiven. Vergleichen Sie die beiden Hähne. Unsere Sehgewohnheit läßt uns zweimal den Kopf eines Hahnes sehen, rechts jedoch könnte es sich genausogut um ein weißes Loch in einer schwarzen Form handeln. In einer Komposition müssen daher die negativen Flächen ebenso genau geplant werden wie die positiven.

Ruhe und Spannung

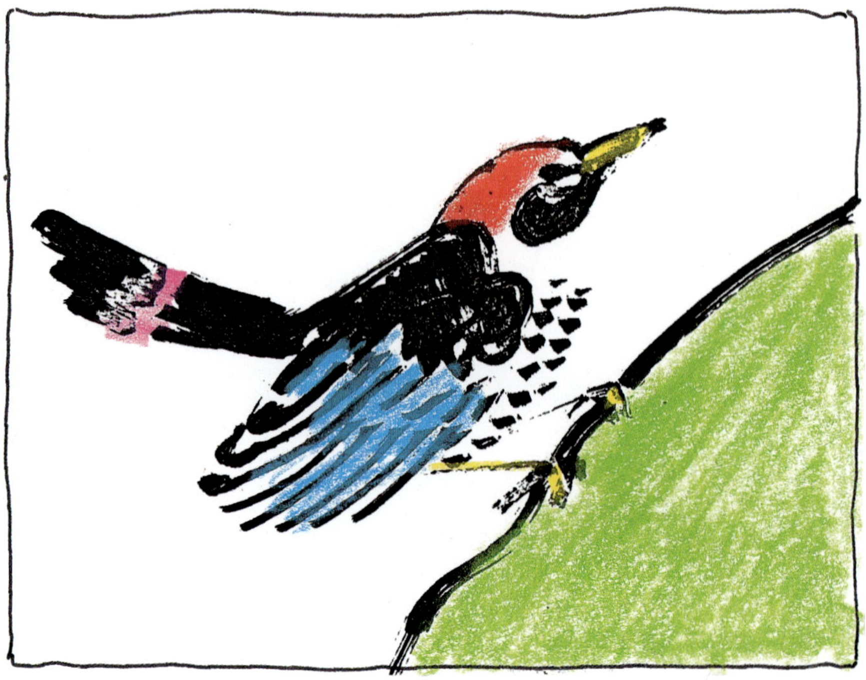

Die Aussage eines Bildes verändert sich mit Größe und Anordnung der einzelnen Objekte. So wirkt eine Figur, die ein Bild ausfüllt, näher als eine die klein im Raum sitzt. Auch andere Empfindungen wie Ruhe, Aggressivität, Ausgewogenheit oder Unruhe können in einem Bild ausgedrückt werden.
Rechts sehen Sie zwei der vielen Möglichkeiten. Das Bild oben ist ausgewogen, der Vogel ist weder extrem klein noch ungewöhnlich groß, er sitzt in der Bildmitte: Die Komposition strahlt Ruhe aus. Unten dagegen entstehen durch die Diagonale Dynamik und Lebendigkeit. Allgemein kann man festhalten, daß symmetrische Anordnungen eher ruhig, asymmetrische dagegen lebendig wirken.

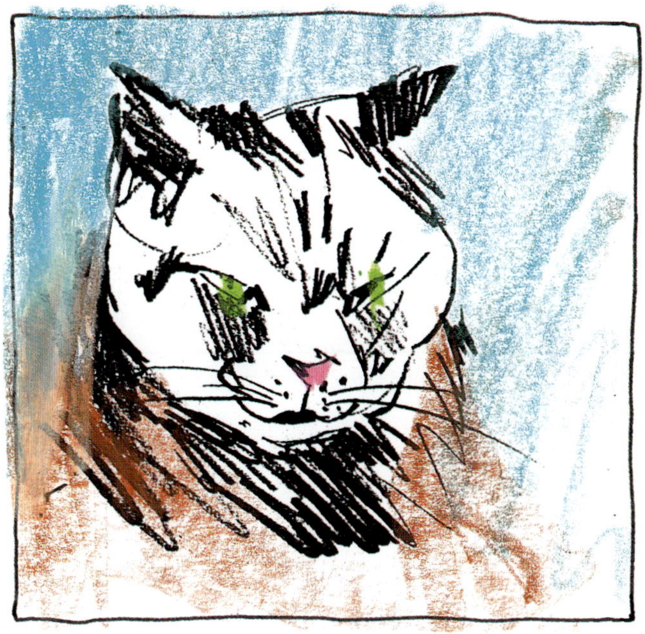

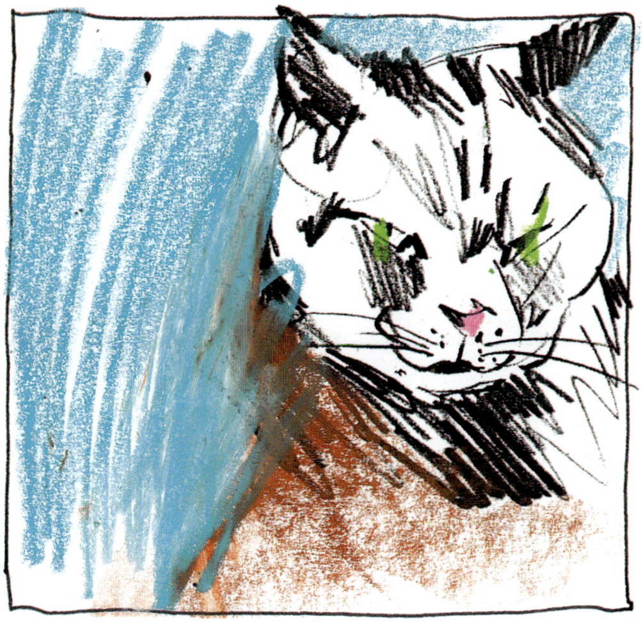

Schon beim Skizzieren sollte man darauf achten, nicht in einer Ecke mit dem Zeichnen zu beginnen, um später festzustellen, daß man für den Rest des Motivs gar keinen Platz mehr hat. Planen Sie also jede Ihrer Kompositionen sorgfältig. Wie der Bildaufbau die Aussage Ihres Bildes beeinflussen kann, sehen Sie an den hier abgebildeten Beispielen. Das obere Bild ist ausgewogen, der Katzenkopf weder zu groß noch zu klein, er wirkt also nicht bedrohlich, wird aber auch nicht übersehen. Die Anordnung ist weder langweilig noch extrem, es handelt sich um eine harmonische Komposition.

Zum Vergleich nun etwas ungewöhnlichere Anordnungen. Übrigens gibt es dabei keine „richtigen" oder „falschen" Kompositionen, denn ausschlaggebend wird immer sein, was der Künstler aussagen möchte.
In diesem Beispiel scheint sich die nach rechts gedrängte Katze aus dem Bild hinaus zu bewegen, die negative blaue Fläche schiebt sie sozusagen aus dem Bild.

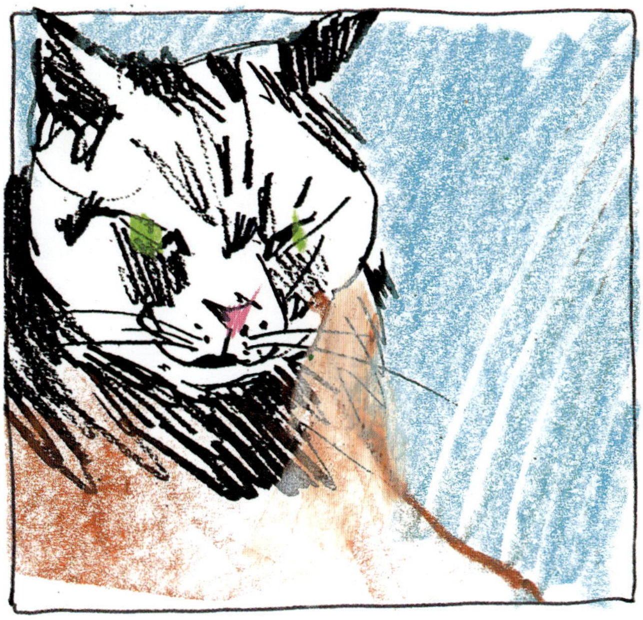

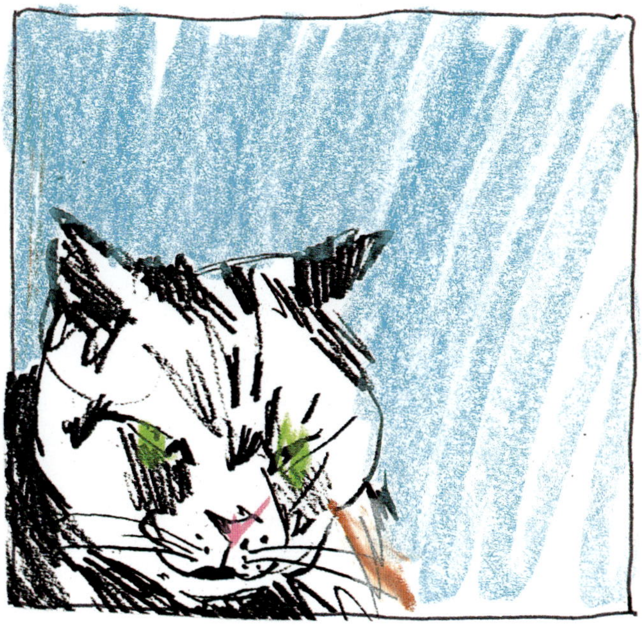

Im Gegensatz zu dem Bild oben rechts scheint die Katze hier von links in das Bild hereinzukommen. Unserer Sehgewohnheit zufolge blicken wir meist von links nach rechts, da wir gewohnt sind, so zu lesen. Aus diesem Grund nehmen wir automatisch an, daß sich die Katze ebenfalls von links nach rechts bewegen wird. Die leere Fläche macht in diesem Fall Platz für das Tier, statt es hinauszudrängen. Durch ihre Größe dominiert die Katze das Bild, sie wirkt sehr nah.

Etwas unglücklich wirkt diese Komposition. Die Katze scheint nach unten verrutscht zu sein. Da im rechten Teil des Bildes nichts geschieht, gibt es eigentlich keinen Grund dafür, sie an den Rand zu rücken. Eine gute Übung, um ein Gefühl für Flächenaufteilung und positive sowie negative Flächen zu bekommen, ist es, eine Vorlage einmal auf den Kopf zu stellen und sie von der „falschen" Seite zu zeichnen. Weil die übliche Sehgewohnheit entfällt, beschäftigen Sie sich nämlich plötzlich mit allen Flächen gleichermaßen.

Skizzenblock und Skizzenbuch

Da Tiere, wie wir wissen, nicht auf Befehl stillhalten, ist es nicht so leicht, sie zu zeichnen, und oft sind viele Skizzen notwendig. Das beste Handwerkszeug dafür ist der Skizzenblock oder ein Skizzenbuch, in dem man schnelle Bewegungen und Minutenskizzen sammeln kann.

Vielen Künstlern ersetzt der Skizzenblock ein Tagebuch, sie halten darin Gedanken und Ideen fest. Auch spontane Texte oder aufgeschnappte Wortfetzen können zwischen den Zeichnungen aufgeschrieben werden. Man bekommt auf diese Weise im Laufe der Zeit ein sehr persönliches Archiv, auf das man immer wieder zurückgreifen kann.

Skizzenblöcke und unbedruckte Skizzenbücher gibt es in den verschiedensten Größen und Formen. Wichtig ist, daß sie leicht zu transportieren sind und eine harte Rückseite haben, damit man sie beim Zeichnen auch einmal auf die Knie legen kann, was zum Beispiel bei Studien im Tierpark sehr praktisch ist.

Eine weitere Möglichkeit ist ein Klemmblock, auf dem man verschiedene Papiere zusammenstecken kann (Foto). Die Skizzen, die man aufheben möchte, sammelt man dann in einer Mappe. Der Vorteil ist dabei, daß man mit verschiedenen und auch ausgefalleneren Papiersorten arbeiten kann. Dabei spielt die Papierqualität keine große Rolle – auch Picasso hat manchmal auf Papierservietten gezeichnet.

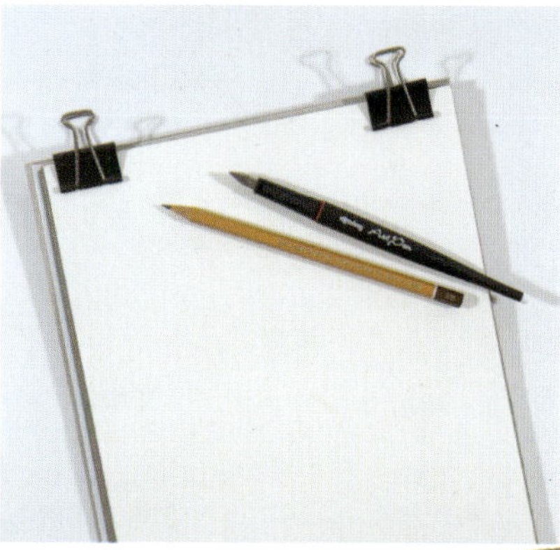

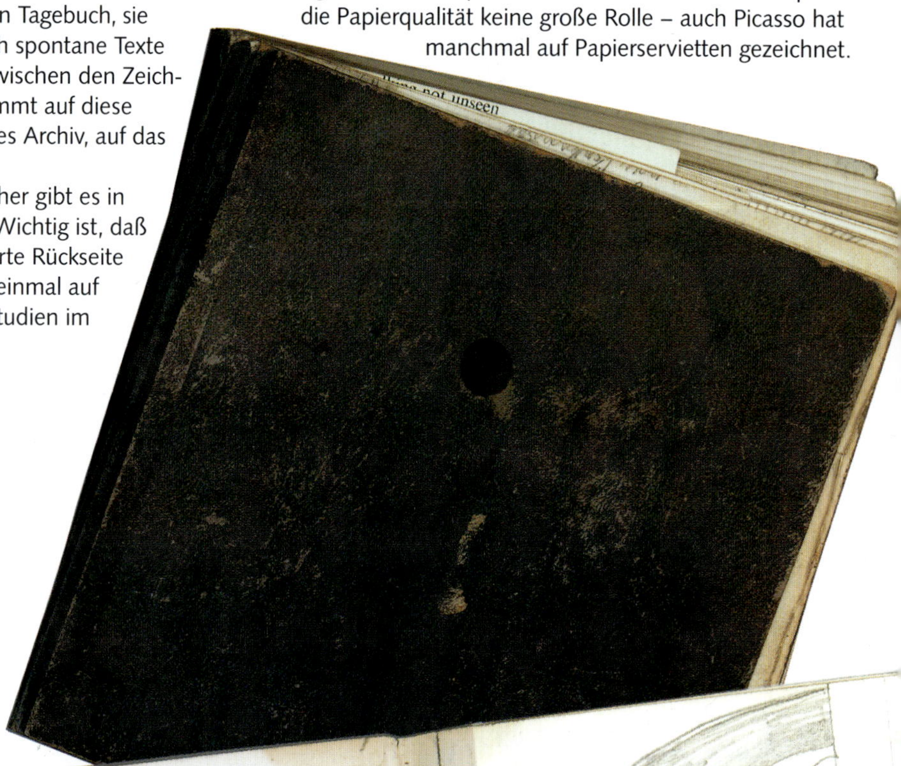

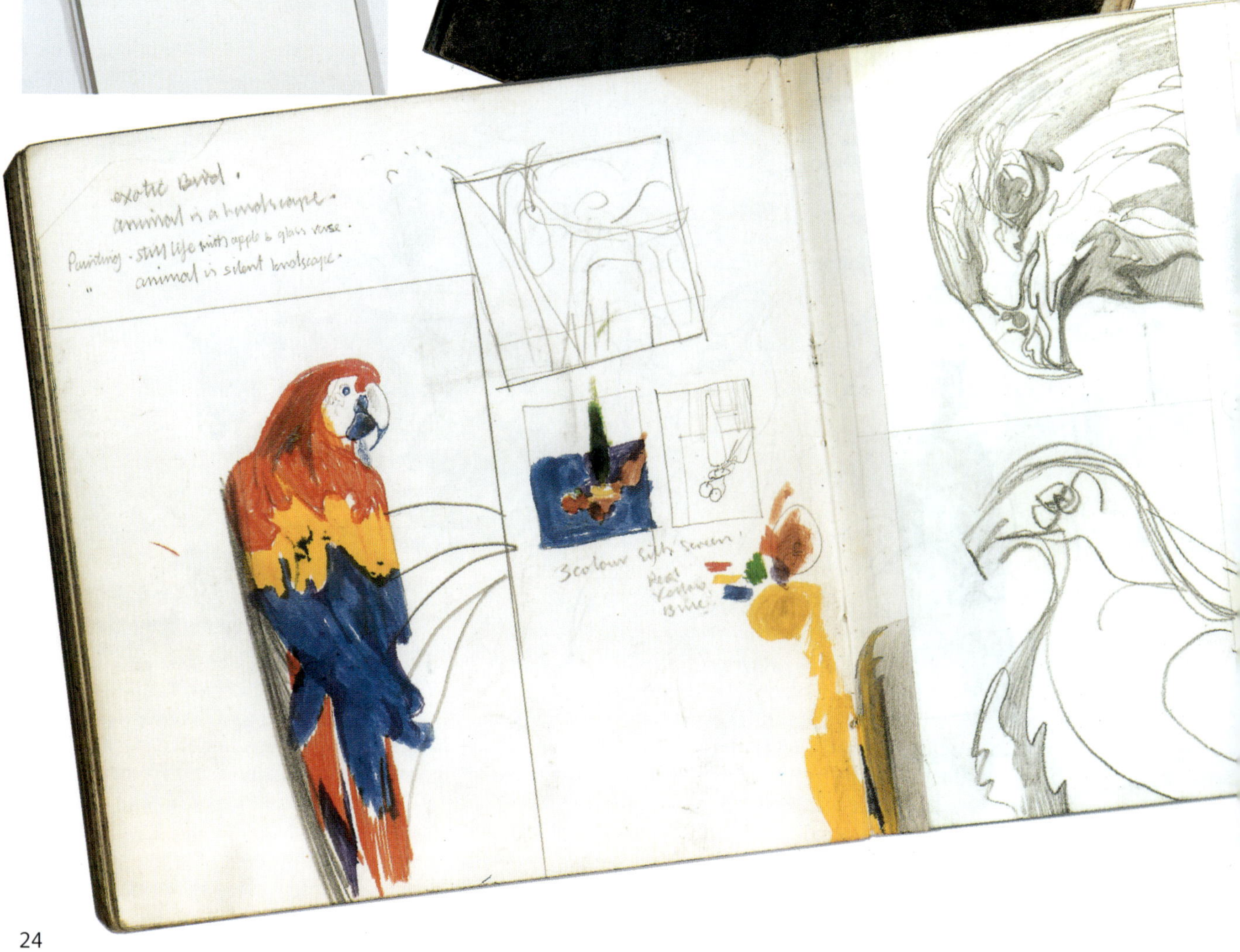

Außer dem Papier benötigen Sie zum Skizzieren noch ein paar Bleistifte oder Filzstifte, vielleicht auch einen Tuscheschreiber oder einen Kugelschreiber. Denken Sie daran, daß manche Filzstifte oder auch Tusche je nach Papierqualität noch auf der Rückseite zu sehen sind. Zeichnen Sie also mit diesen Materialien nur auf eine Seite des Papiers.
Auch Farbstifte und Kreiden können zum Skizzieren verwendet werden, sie sind jedoch im Gebrauch sehr viel aufwendiger. Kreiden sind empfindlich, sie brechen und verschmieren leicht.

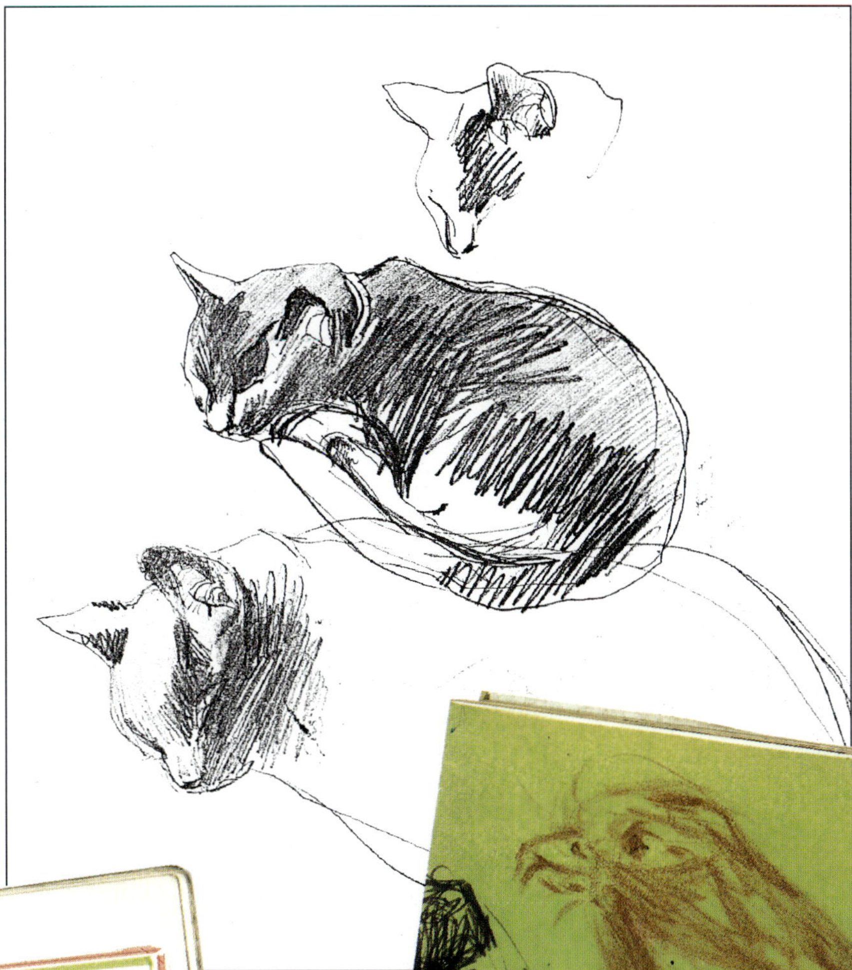

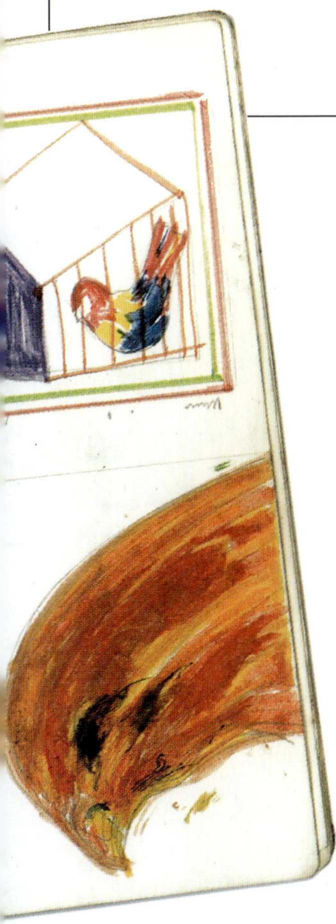

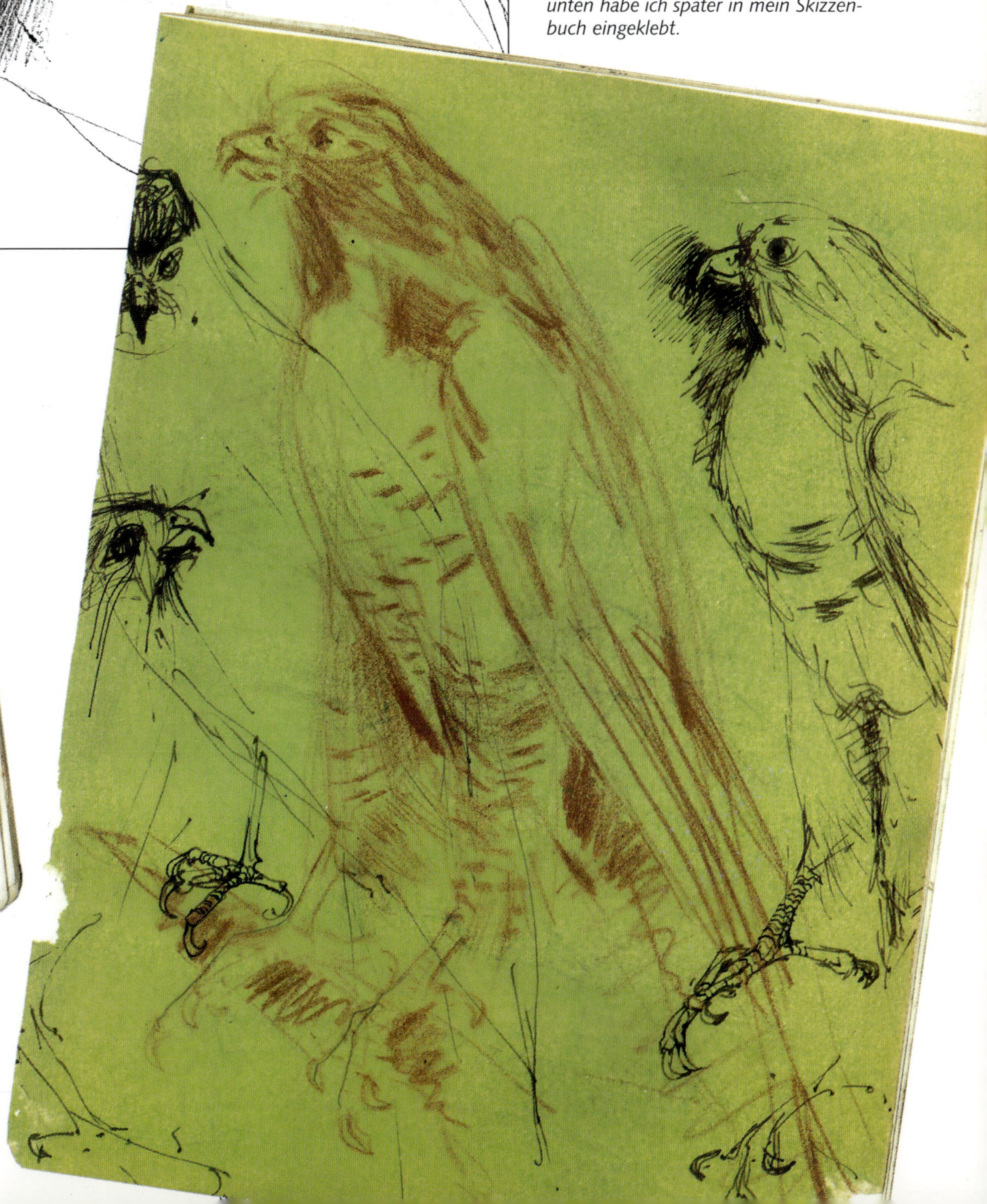

Hier ein paar Beispiele aus meinen Skizzenbüchern: Die Vögel und die Katze habe ich genau studiert und dann mit freien Kompositionen experimentiert. Ich zeichne gerne auf farbigem Papier, die Skizze unten habe ich später in mein Skizzenbuch eingeklebt.

Von der Skizze zur Zeichnung

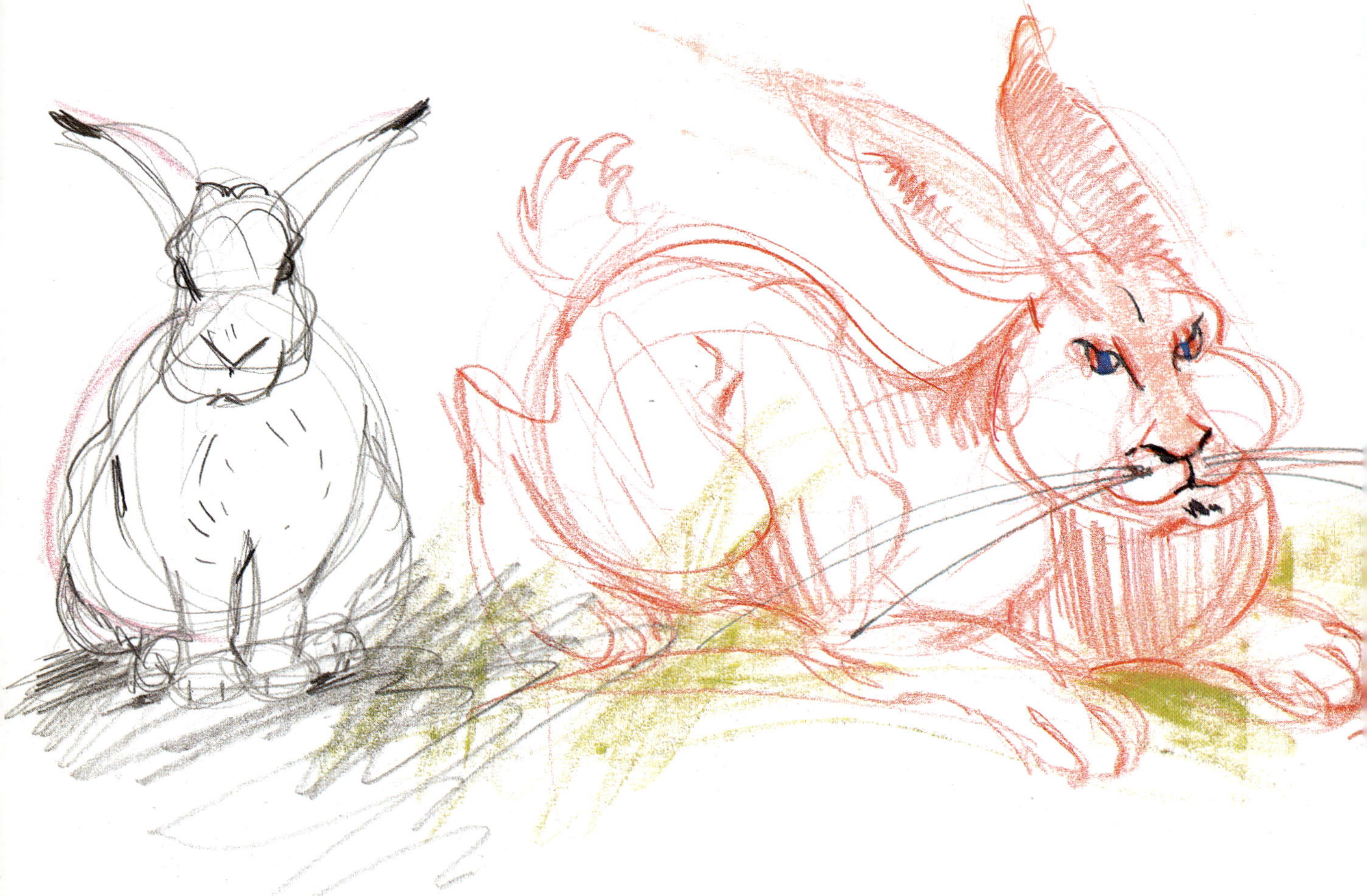

Es ist nicht immer ganz leicht, einen deutlichen Unterschied zwischen Skizze und Zeichnung zu machen, denn zweifellos ist ja auch eine Skizze eine Zeichnung. Doch der Einfachheit halber bleiben wir bei der üblichen Unterscheidung: Eine Skizze hat etwas Unvollständiges, während wir mit Zeichnung unser ausgearbeitetes, abgeschlossenes Bild meinen.
Im allgemeinen ist diese Unterscheidung auch zutreffend: Die Skizze entspricht dem schnellen Festhalten von Gedanken, Eindrücken und Ideen, von Dingen, aus denen man vielleicht später ein bestimmtes Bild machen möchte oder die einfach der Erinnerung dienen.
Auch als Vorarbeiten für weitere Bilder sind Skizzen notwendig, mit ihnen probiert man Kompositionen aus, studiert Formen und Motive. Genau besehen sind sie Überlegungen mit dem Stift, sie dokumentieren die Entwicklung eines Bildes und helfen, sich über seine Aussage klarzuwerden. Skizzen sind oft spontaner und lebendiger als die fertige Zeichnung, weil man unverkrampfter und lockerer mit ihnen umgeht – es ist ja nicht viel verloren, wenn eine Skizze mißlingt.
Wenn ich Tiere zeichnen möchte, mache ich meist sehr viele Skizzen, da ich dabei auch das Verhalten und die Haltung des Tieres studieren kann.
Da ich längere Zeit einen Hasen zu Hause hatte, gab es genügend Gelegenheiten, ihn auf Papier festzuhalten.
Aus meinen verschiedenen Skizzen habe ich die links oben ausgewählt, um sie auszuführen. Als Zeichengrund hat mich das in sich strukturierte, graue Packpapier gereizt. Nachdem ich mir über die plastische Form klar war (rechts), legte ich das Tier mit Ölkreiden an. Die weiche Struktur der Kreiden auf der durchschimmernden Textur des grauen Papiers schienen mir dem silbrigen Fell besonders gut zu entsprechen. Kleine Farbakzente machen das Bild lebendiger, feine Haare werden noch mit der Feder eingezeichnet.

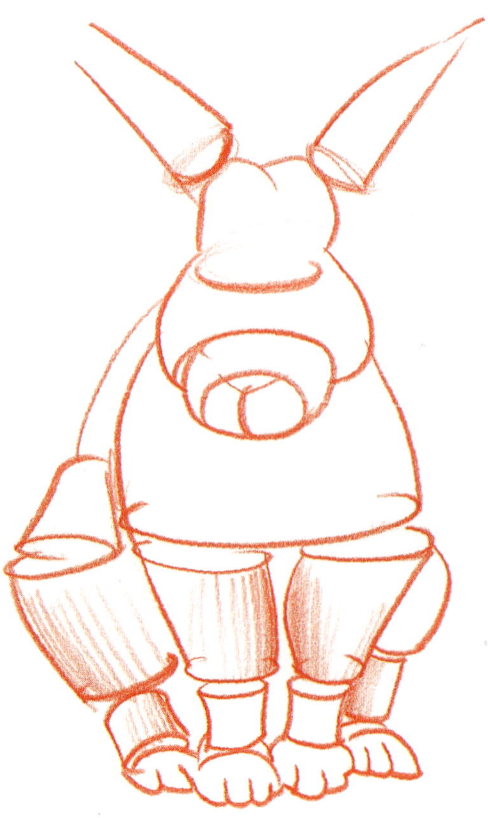

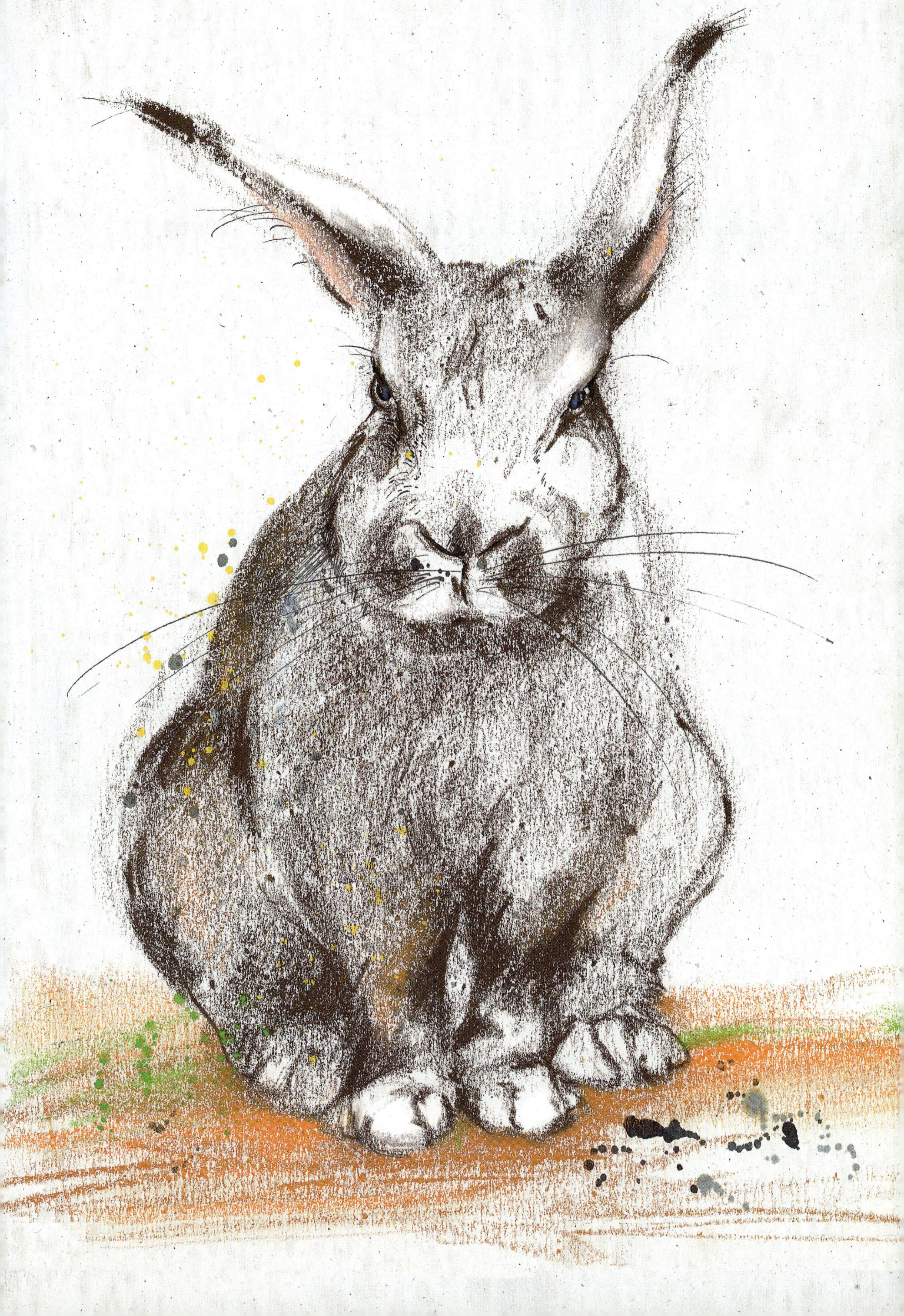

Fell ist nicht gleich Fell

Jede Tierart hat ein typisches Fell, eine besondere Hautstruktur (wie Elefanten oder Nashörner), Federn oder Panzer. Auf Federn, Panzer und andere Strukturen werde ich später zurückkommen, jetzt wollen wir uns mit dem Fell beschäftigen. Es gibt unzählige Varianten: lange, kurze, struppige und glatte Felle, gewellte, gelockte und krause – welche Technik verwendet man nun wofür? Natürlich bleibt das – wie immer – der Entscheidung des Künstlers überlassen, doch sollte sich ein wenig geübter Zeichner an einem dichten, weichen Fell nicht gerade mit harten Tuschelinien versuchen. Dennoch: Die hier vorgestellten Beispiele stellen keine Regeln auf, sondern wollen lediglich Anregung und Hilfestellung sein.

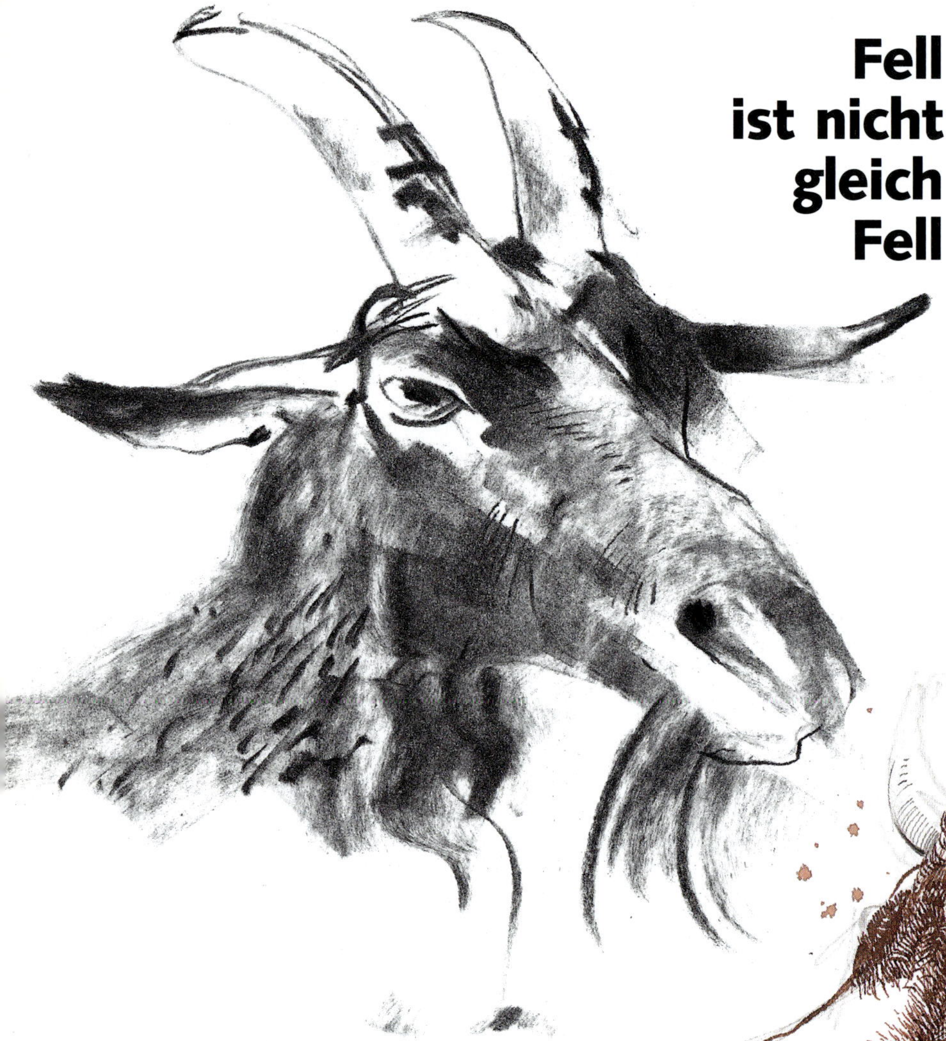

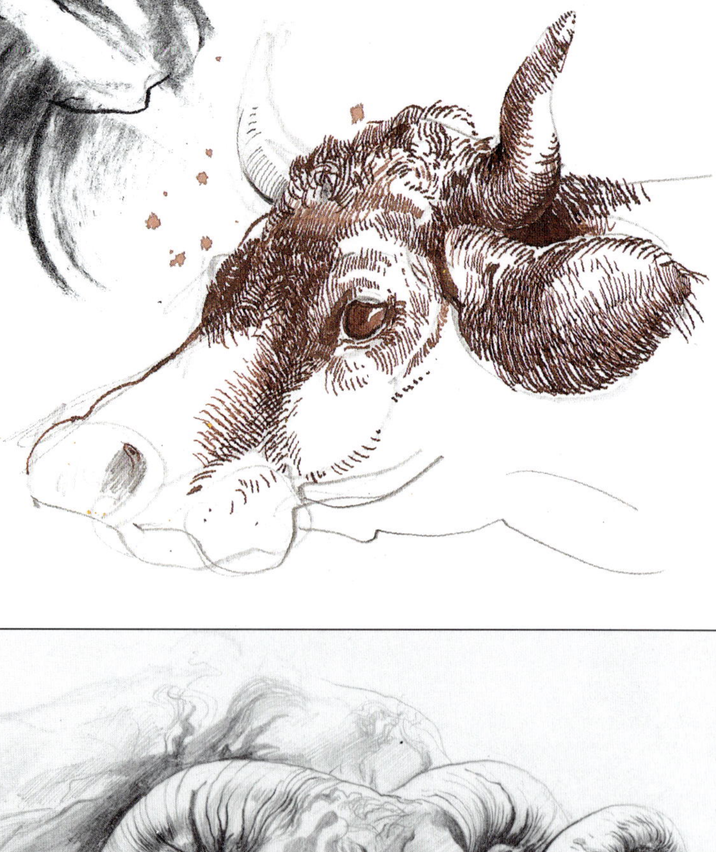

Verschiedene Techniken charakterisieren unterschiedliche Tiere. Die Mischung von breiten und zarten Strichen, harten und weichen Linien läßt Kontraste wie Horn und Fell entstehen. Licht und Schatten formen die Köpfe.

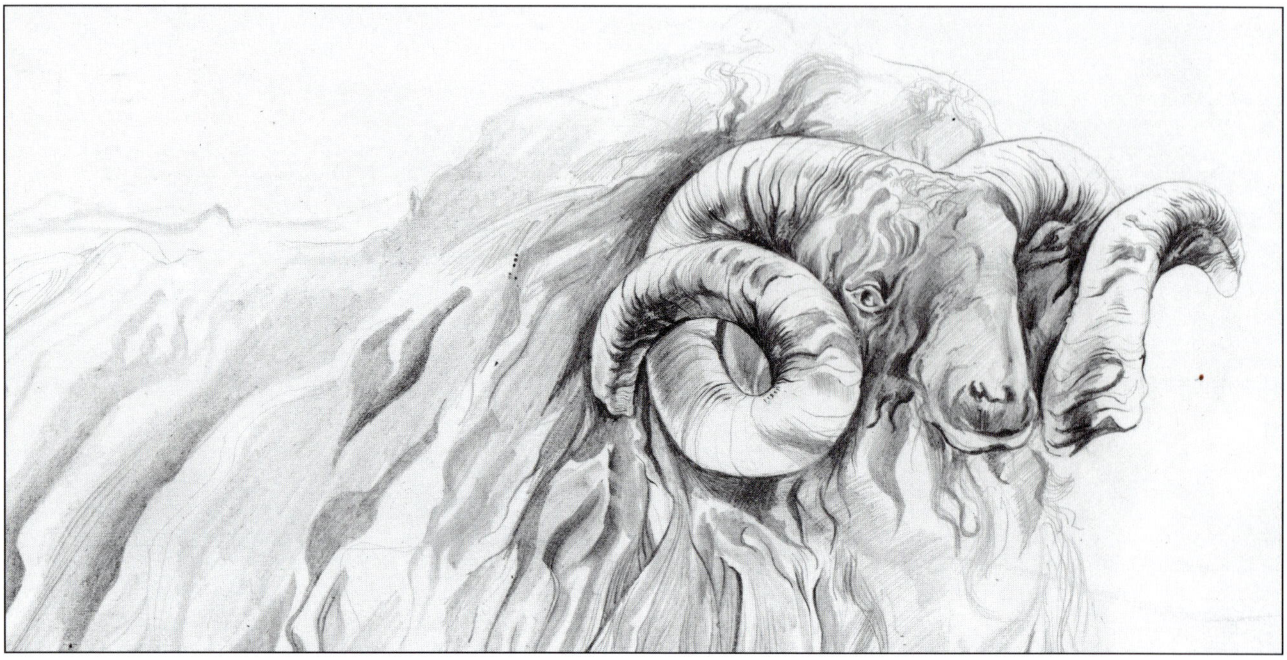

Beginnen wir mit Tusche und Feder. Sie eignen sich sehr gut für glatte, klare Formen. An dem Kopf der Kuh sehen Sie, wie die kleinen Striche den Kopf formen und gleichzeitig das Fell modellieren.
Ein kurzes Fell hat auch der Ziegenbock, doch ihn habe ich mit Kohle gezeichnet, wodurch sich eine glatte, weiche Struktur ergibt. Für die großen schwarzen Flächen habe ich die breite Seite der Kohle eingesetzt und die dunkleren Striche dann mit der Spitze und den Kanten darübergezeichnet.
Das Horn des Widders ist sorgfältig mit harten und weichen Bleistiften ausgearbeitet. Die vielen zarten Linien zeichnen das Fell nach.
Wachskreiden und Farbstifte verdeutlichen das zottelige Fell des Affen, rosarote Farbflächen setzen Akzente und formen zugleich die unbehaarten Stellen des Kopfes.
Das glatte, weiche Fell des Tigers läßt sich mit Pastellkreiden darstellen, das typische Muster habe ich mit einem sehr weichen Bleistift hineingezeichnet.
Und das Tier unten?
Seine Form habe ich mit einem weichen Naturschwämmchen getupft. Wie könnten Körper und Konturen aussehen? Mit Tusche oder weichem Bleistift können Sie diese darüberzeichnen. Probieren Sie es einfach!

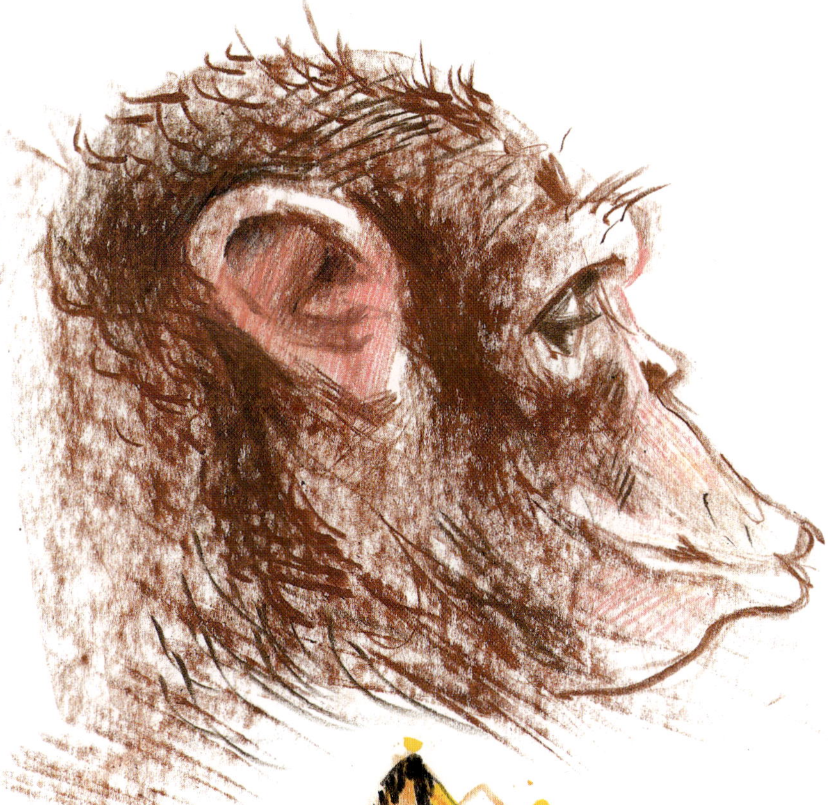

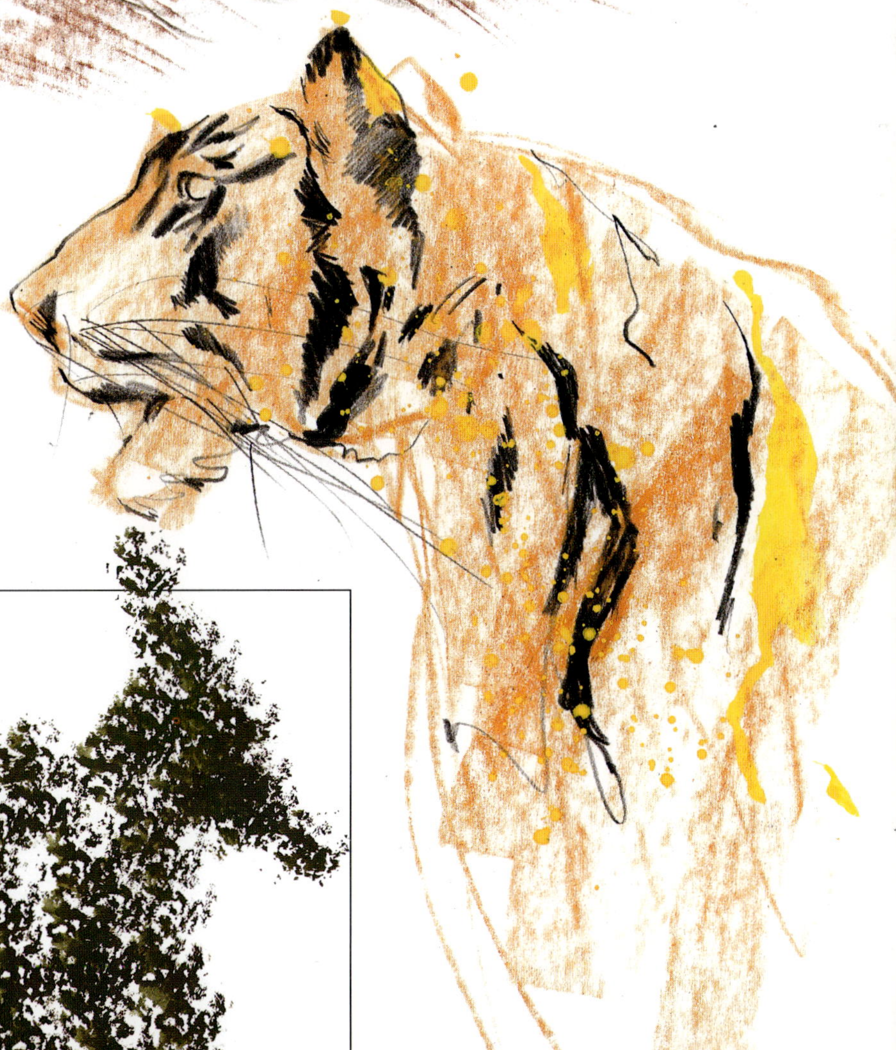

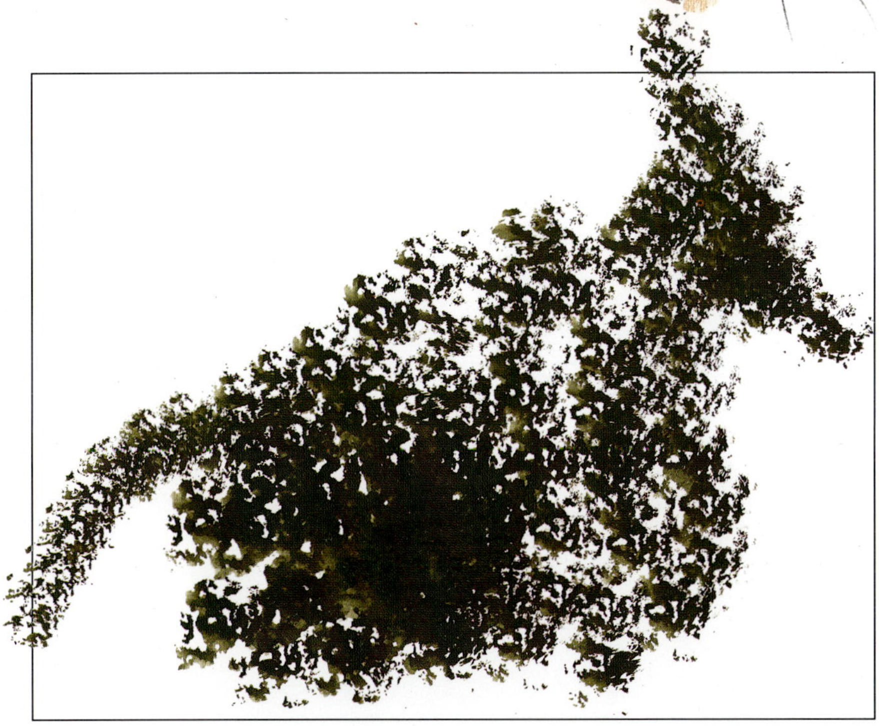

Allein die Struktur formt hier schon einen Tierkörper. Auch wenn die genaue Art des Tieres nicht zu erkennen ist, so wird doch durch die Verteilung von Hell und Dunkel die Form deutlich. Was machen Sie daraus?

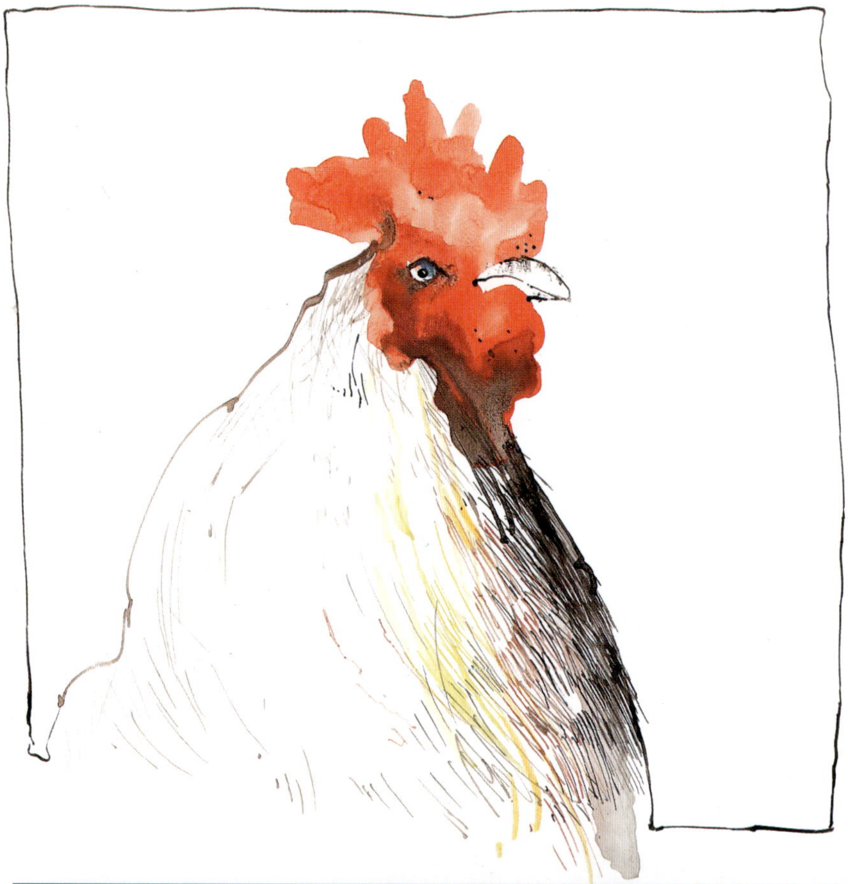

Tiere und Farben

Sehr wichtig für die Aussage eines Bildes ist die Farbgebung. Einen Vogel zum Beispiel erkennt man häufig an seinen Farben besser als an seiner Form. Tiere senden Farbsignale aus, und ihre typischen Merkmale liegen in ihrer Farbigkeit. Doch auch persönliche Vorstellungen lassen sich farblich ausdrücken, ebenso wie Stimmungen. So gehören zweifellos der Kamm und die farbigen Schwanzfedern zu den Merkmalen eines Gockels. Doch schon das hervorstechende Rot des Kammes charakterisiert das Tier, auch wenn die auffallenden Schwanzfedern fehlen. Um ein Fell lebendig erscheinen zu lassen, sollten Sie ruhig mehrere Farben einsetzen und nicht nur eintönig die Grundfarbe des Tieres wiedergeben. Der Affe rechts wird durch sein buntes Gesicht charakterisiert. Ich habe die Farben im Fell wiederholt, dadurch wirkt es lebhaft, ohne verfremdet zu sein.

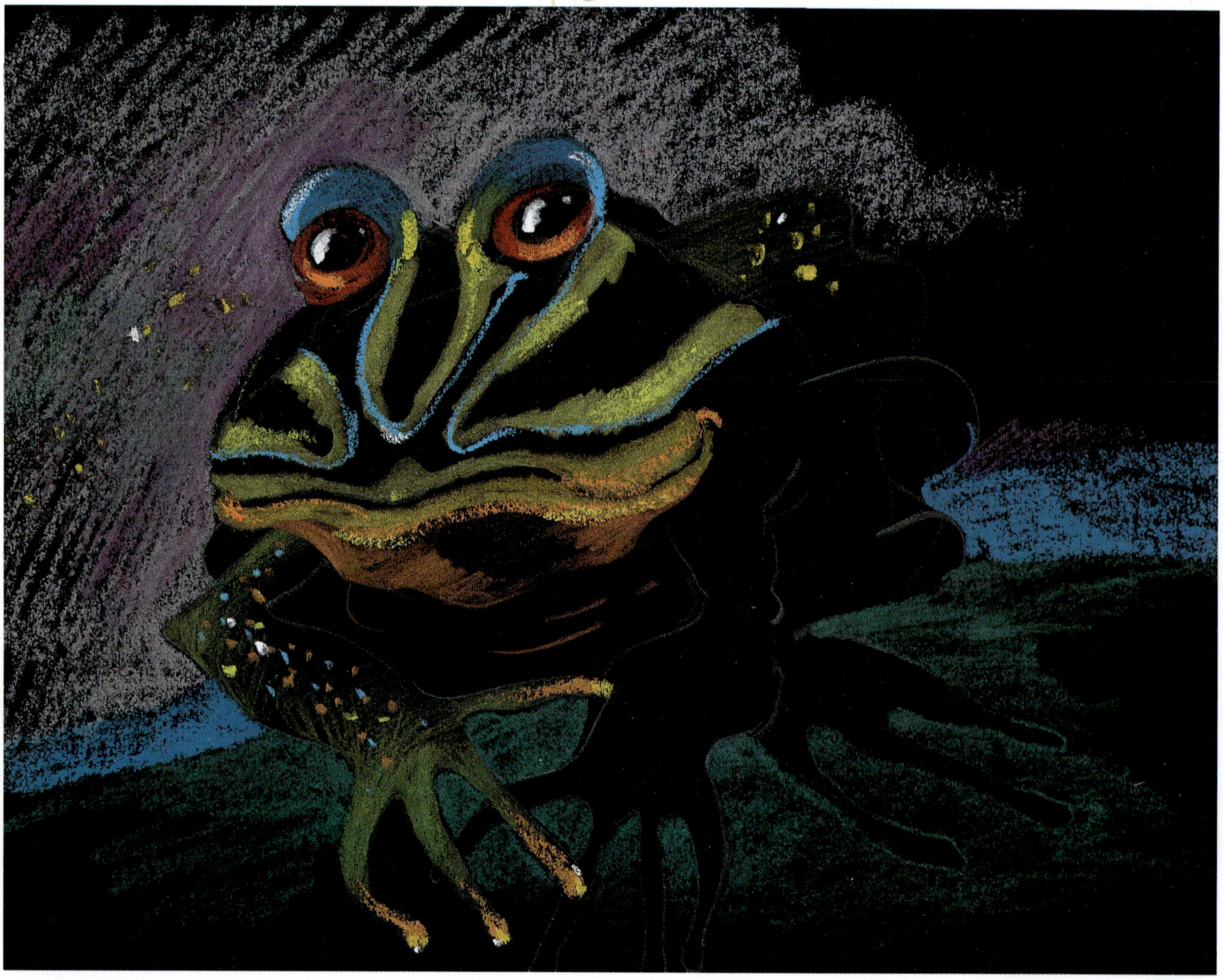

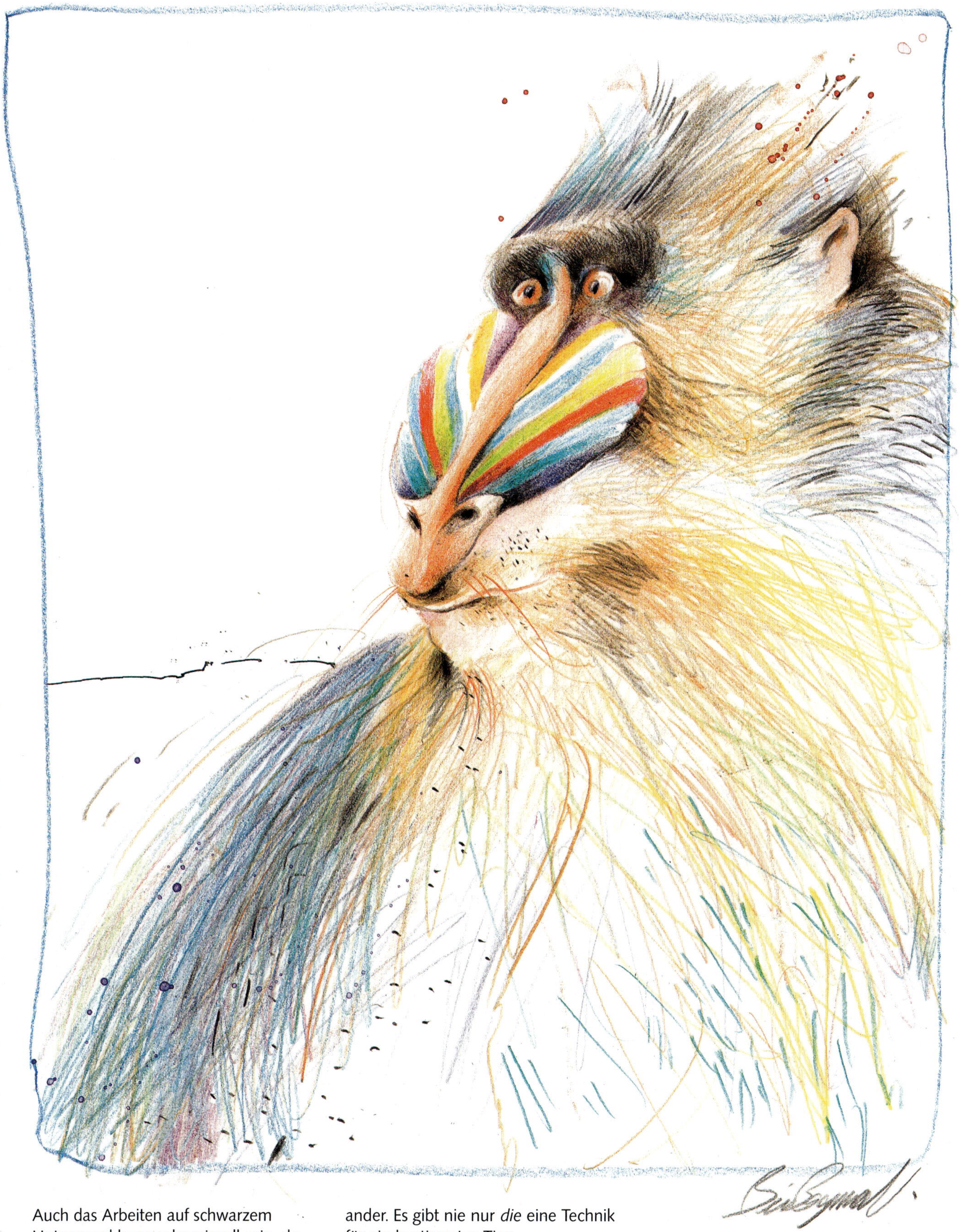

Auch das Arbeiten auf schwarzem Untergrund kann sehr reizvoll sein, da das Schwarz die Farben stärker zum Leuchten bringt, wie Sie an dem Frosch links sehen. Wenn Sie ungewöhnliche Effekte erzielen wollen, mischen Sie getrost ungewohnte Techniken miteinander. Es gibt nie nur *die* eine Technik für ein bestimmtes Tier.

Mit Farbe kann übertrieben, abstrahiert und verfremdet werden. Ein eintöniges Fell wird durch sie lebendiger, die Stimmung kann heiterer oder düsterer werden.

Techniken: Aus einer Federzeichnung mit Aquarell ist der Hahn entstanden, mit Ölkreiden auf schwarzen Karton wurde der Frosch gezeichnet, und der Affe ist eine Farbstiftzeichnung.

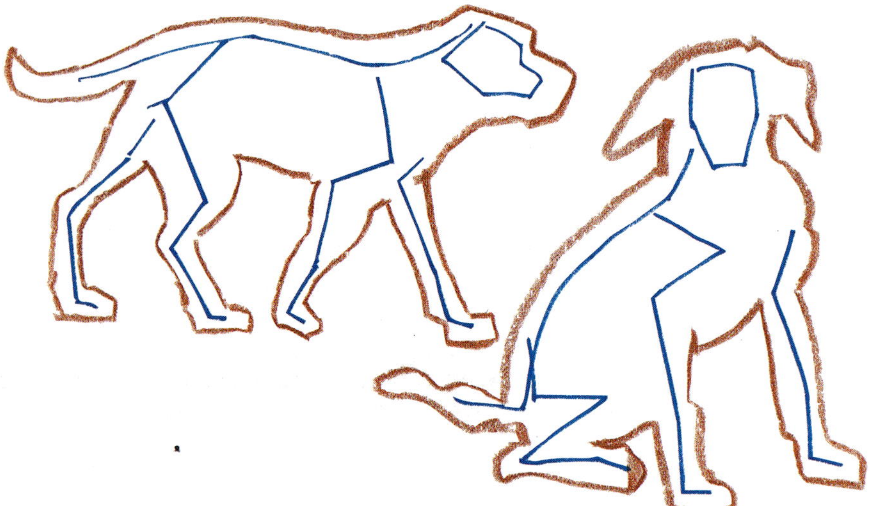

Haustiere

Das größte Problem beim Zeichnen von Tieren ist es, ein „Modell“ zu finden. Wer ein Haustier besitzt, hat es verhältnismäßig leicht, er kann das Tier jederzeit studieren und beobachten. Ich skizziere meinen Hund sozusagen „in allen Lebenslagen“, am einfachsten ist es natürlich, wenn er schläft. Ergänzend ziehe ich manchmal auch Fotos hinzu, auf denen er vielleicht in einer ungewöhnlichen oder besonders drolligen Haltung zu sehen ist. Diese Fotos können aber die Studien am lebenden Tier nur unterstützen, nicht ersetzen.

Die wichtigste Voraussetzung für eine gelungene Zeichnung ist auf jeden Fall die genaue Beobachtung: Wie liegt das Tier, wie dreht es sich, wie springt oder sitzt es. Auch schnelle Minutenskizzen verhelfen zum besseren Verständnis von Körperbau und Bewegungsabläufen. Dabei ist es nicht wichtig, jedes Detail nachzuzeichnen, sondern man muß in erster Linie versuchen, das Typische des Motivs zu erfassen. Um nicht zu einseitig zu werden, experimentiere ich schon bei den Skizzen mit verschiedenen Techniken, hebe manche Stellen farbig hervor oder betone bestimmte Partien, die mir wichtig erscheinen. Wenn Sie als Hilfestellung die Körperkonstruktion zuerst skizzieren möchten, können Sie das mit leichtem Blei- oder Farbstift tun und dann die weitere Zeichnung dar-

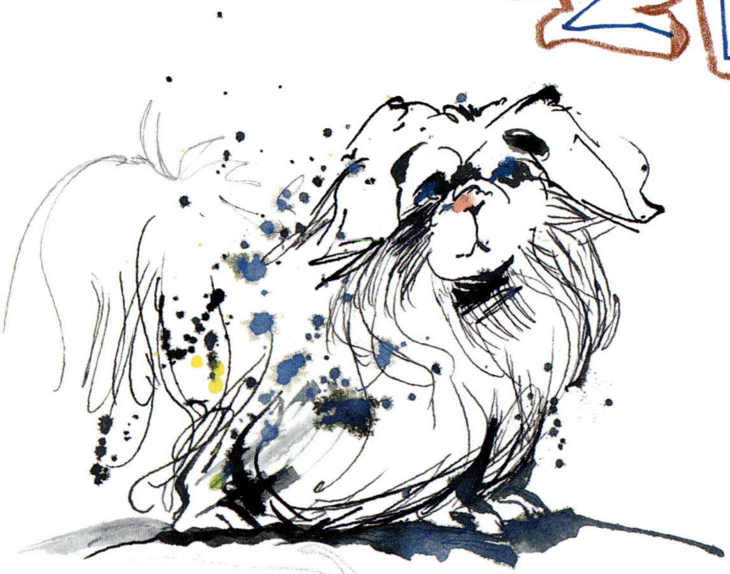

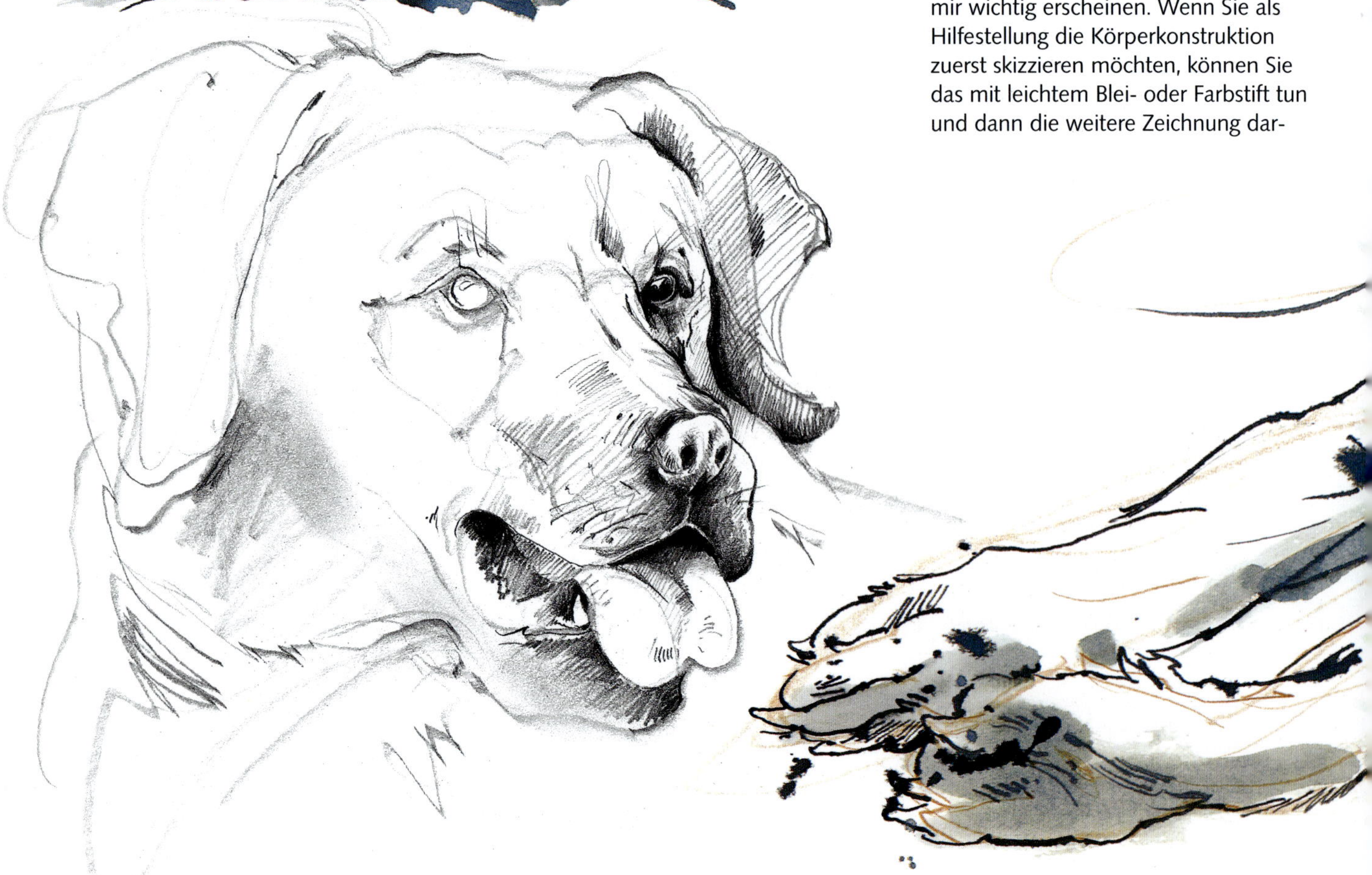

übersetzen. Es stört später nicht, wenn einige Konstruktionslinien vielleicht noch zu sehen sind.
Bei manchen Haltungen des Tieres hilft es, wenn ich mir in Strichmännchenmanier das Skelett (d. h. Wirbelsäule mit „Armen" und Beinen) verdeutliche, wie in den Skizzen links oben.
Wenn ich mehrere schnelle Skizzen gemacht habe, arbeite ich die Einzelheiten aus, Sie sehen das an dem Hundekopf links unten. Habe ich mich einmal mit bestimmten Details vertraut gemacht, kann ich sie auch wieder in anderen Skizzen und Zeichnungen anwenden, wie bei dem liegenden Hund unten.
Farbige Akzente können eine Zeichnung beleben und ihren Ausdruck verstärken. Natürlich hat der Hund rechts keine blaue Nase. Doch irgendwie wirkt sie manchmal blauschwarz, und ich habe diesen Eindruck einfach etwas übertrieben, genauso wie den Lichteffekt in den Augen. Denken Sie immer daran, daß es sich bei Ihrer Zeichnung um *Ihre* Interpretation des Tieres handelt und Sie deshalb auch ganz frei zum Beispiel über Farben entscheiden oder an manchen Stellen etwas übertreiben können. Wichtig ist lediglich, daß Ihre Verfremdungen dem Charakter des Tieres entsprechen und seine typischen Eigenheiten verstärken.

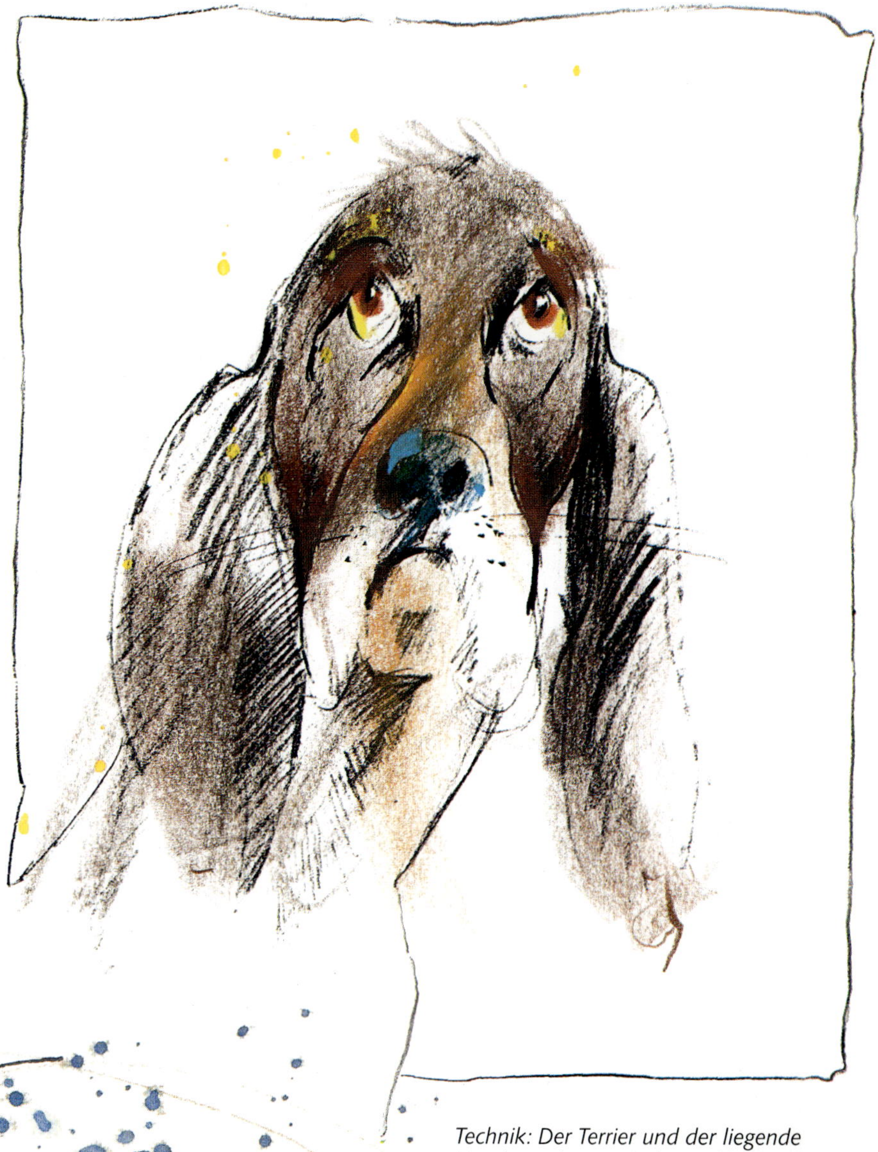

Technik: Der Terrier und der liegende Hund wurden mit Feder und Tinte, die durch Verdünnen mit Wasser blau verläuft, angelegt, wobei bei letzterem die Tinte mit dem Pinsel vermalt wurde. Vorskizziert habe ich mit braunem Farbstift. Oben: Kreiden verschiedener Strichstärken.

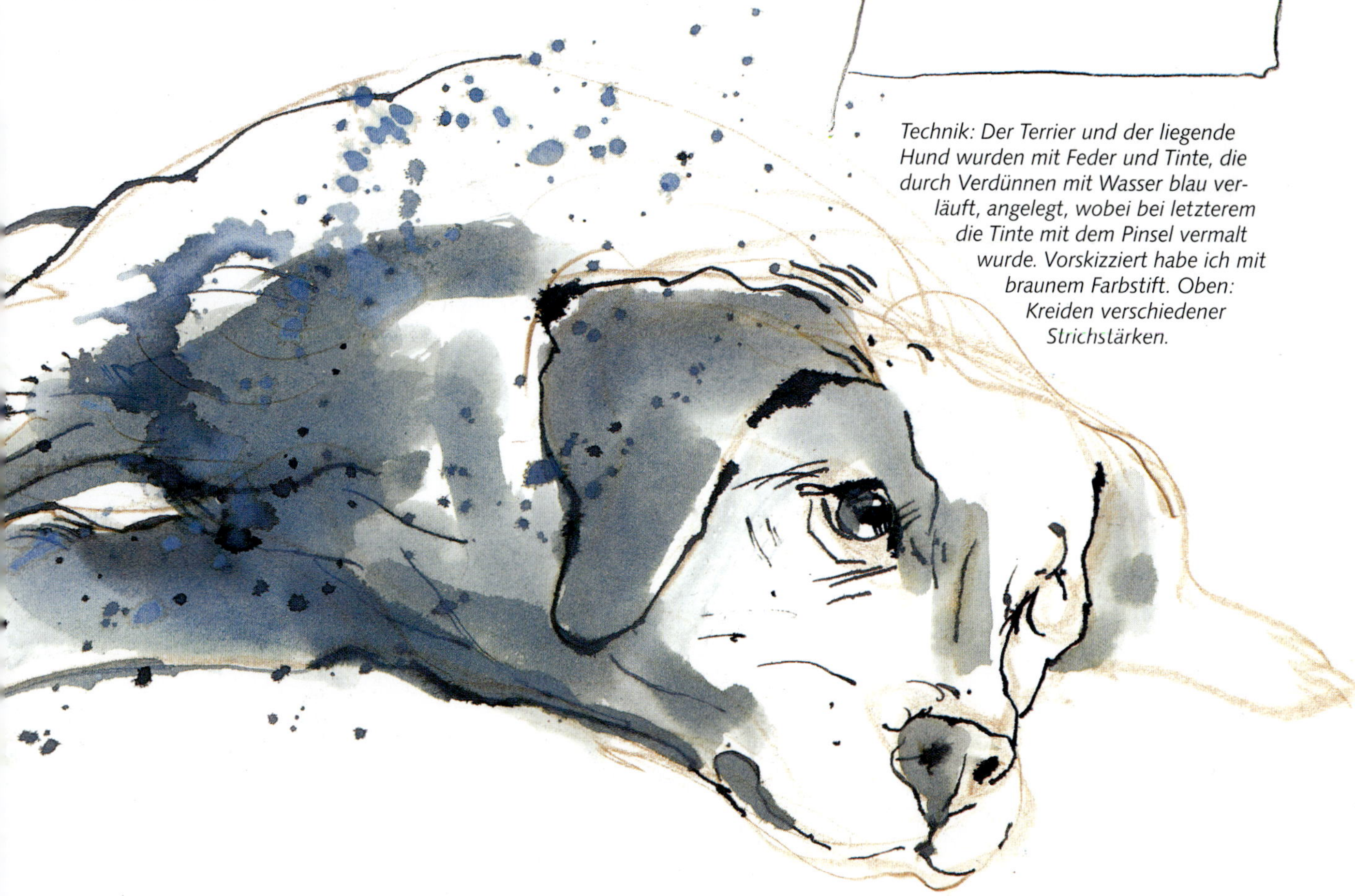

Plastizität und Farbe

Es ist oft nicht einfach, besonders bei langhaarigen Tieren, die Form des Kopfes zu erkennen. Dies ist jedoch wichtig, um eine bestimmte Haltung oder Perspektive wiederzugeben. Beschäftigen wir uns einmal mit dem Kopf einer Katze, den wir direkt von vorn betrachten. So frontal gesehen, wirkt er einfach rund, die Grundform dieses Kopfes ist demzufolge der Kreis bzw. eine Kugel. Doch schon wenn die Katze etwas zur Seite blickt, verändert sich die Form dieser Kugel, und es wird schwer, auf dem Blatt die richtigen Proportionen zu finden. Es ist eine ausgezeichnete Übung, einen Tierkopf aus verschiedenen Winkeln und Blickrichtungen zu studieren. Beginnen wir mit den Grundformen: Der Kopf wird als Kugel gezeichnet, darauf setzen wir einen Kegelstumpf als Schnauze, die Ohren entstehen aus Dreiecken. Wenn wir nun diese vereinfachte Konstruktion aus verschiedenen Richtungen betrachten, können wir uns die perspektivischen Veränderungen besser vorstellen. Fügen wir noch Augen, Nase und Schatten hinzu, wirkt die Katze schon sehr realistisch, und durch das Grundschema lassen sich die Bewegungen des Kopfes sehr gut nachvollziehen. Natürlich spielt der Lichteinfall eine wichtige Rolle, denn erst durch den Schatten wird die Plastizität des Körpers deutlich.

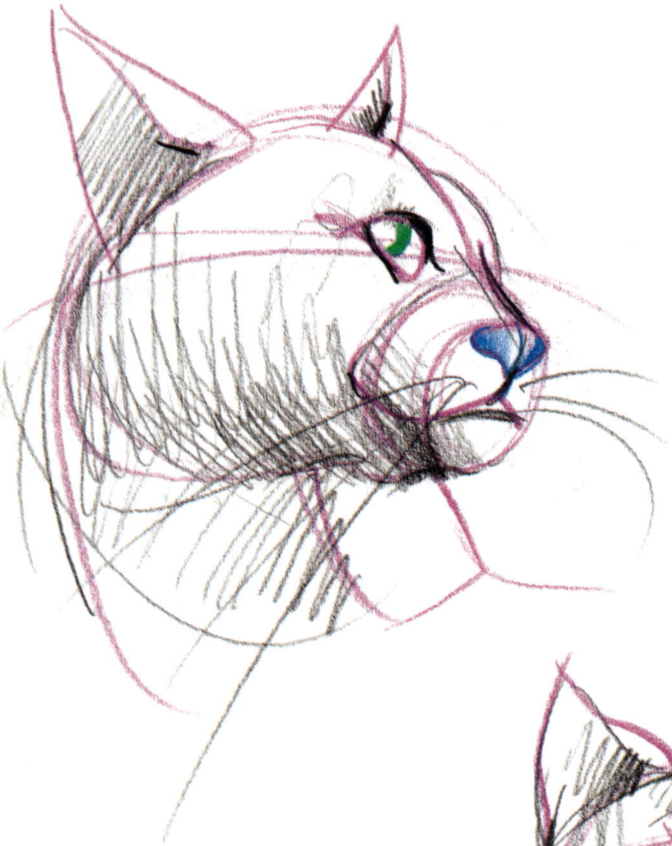

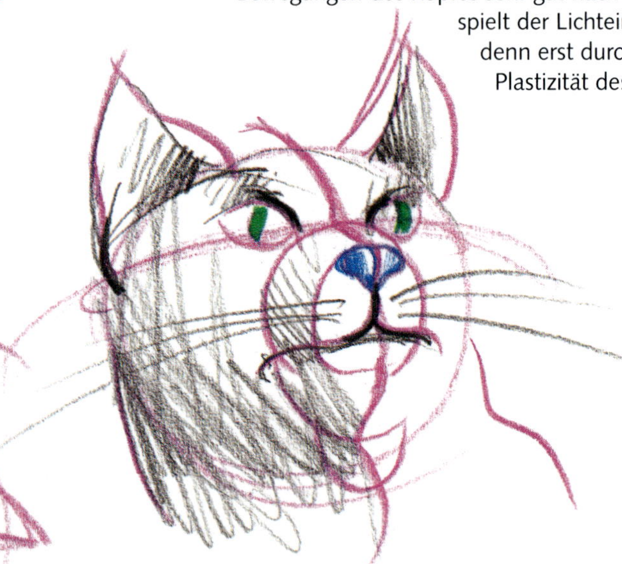

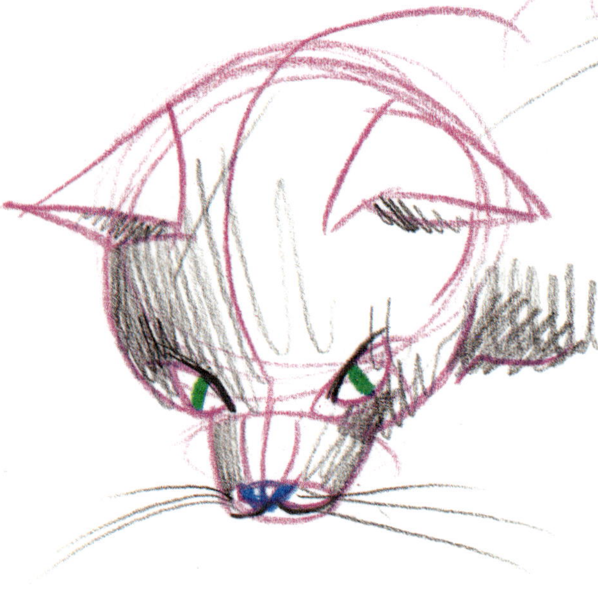

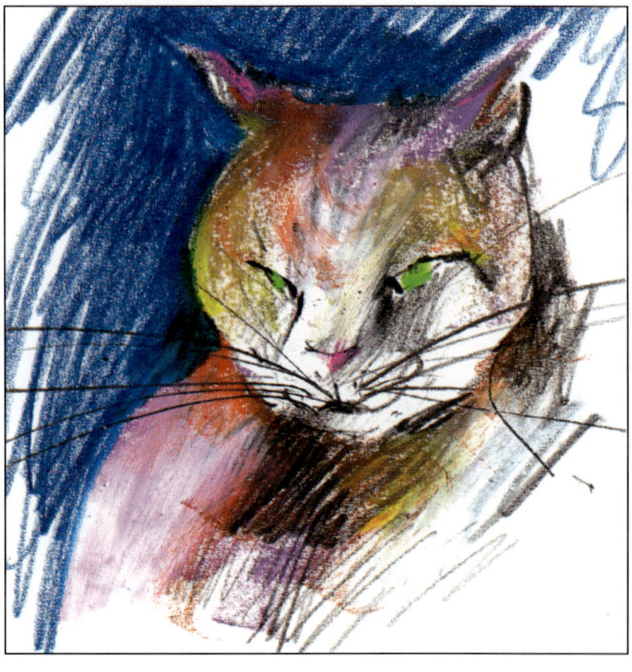

Ein ausdrucksstarkes Bildelement ist die Farbe, wobei Sie sich nicht unbedingt an die Farbgebung halten müssen, die der Realität entspricht. Eine vollkommen schwarze Katze kann mit einem farbig durchsetzten Fell gezeichnet werden, und sie wird trotzdem schwarz wirken. Die Katze rechts bekommt durch die Farben etwas Dämonisches, ohne jedoch artfremd auszusehen. Die leuchtendgrünen Augen tragen zu dieser Wirkung bei, da sie einen extremen Kontrast zu den violetten Tönen im Fell bilden.

Wie schon erwähnt, probiere ich bereits beim Skizzieren verschiedene Techniken und auch Farben aus. Haben Sie ruhig Mut zu ungewöhnlichen Kombinationen und kleinen Experimenten!
Bei der schnellen Studie rechts kam es mir nur darauf an, den Ausdruck des schlafenden Tieres festzuhalten. Ich habe die Zeichnung mit einem ockerfarbenen Stift begonnen, um aber Akzente zu setzen, bin ich mit einer kräftigeren Farbe, hier Violett, darübergegangen. Gerne arbeite ich auch auf farbigem oder strukturiertem Untergrund, den ich als Gestaltungsmoment in die Zeichnung einbeziehe. Untergrund für die Katze unten ist eine sogenannte „Elefantenhaut“, ein hartes, strukturiertes Papier. Ansonsten habe ich mit Tusche und Kreiden gearbeitet, wobei ich das Abperlen der Tusche auf den fetten Kreiden als besonderen Effekt ausgenutzt habe.

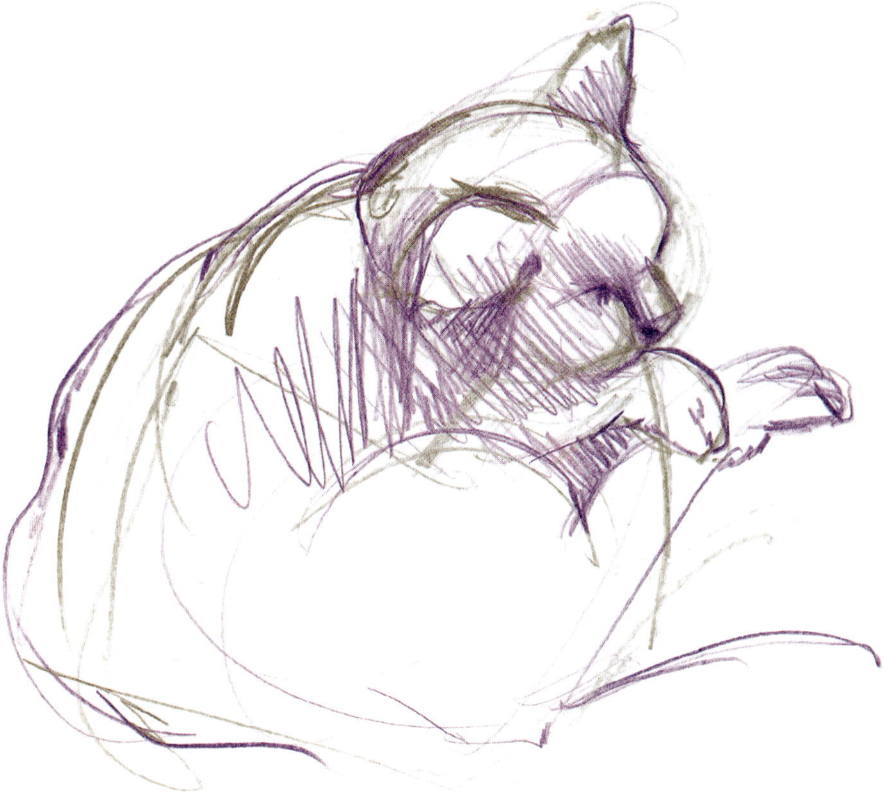

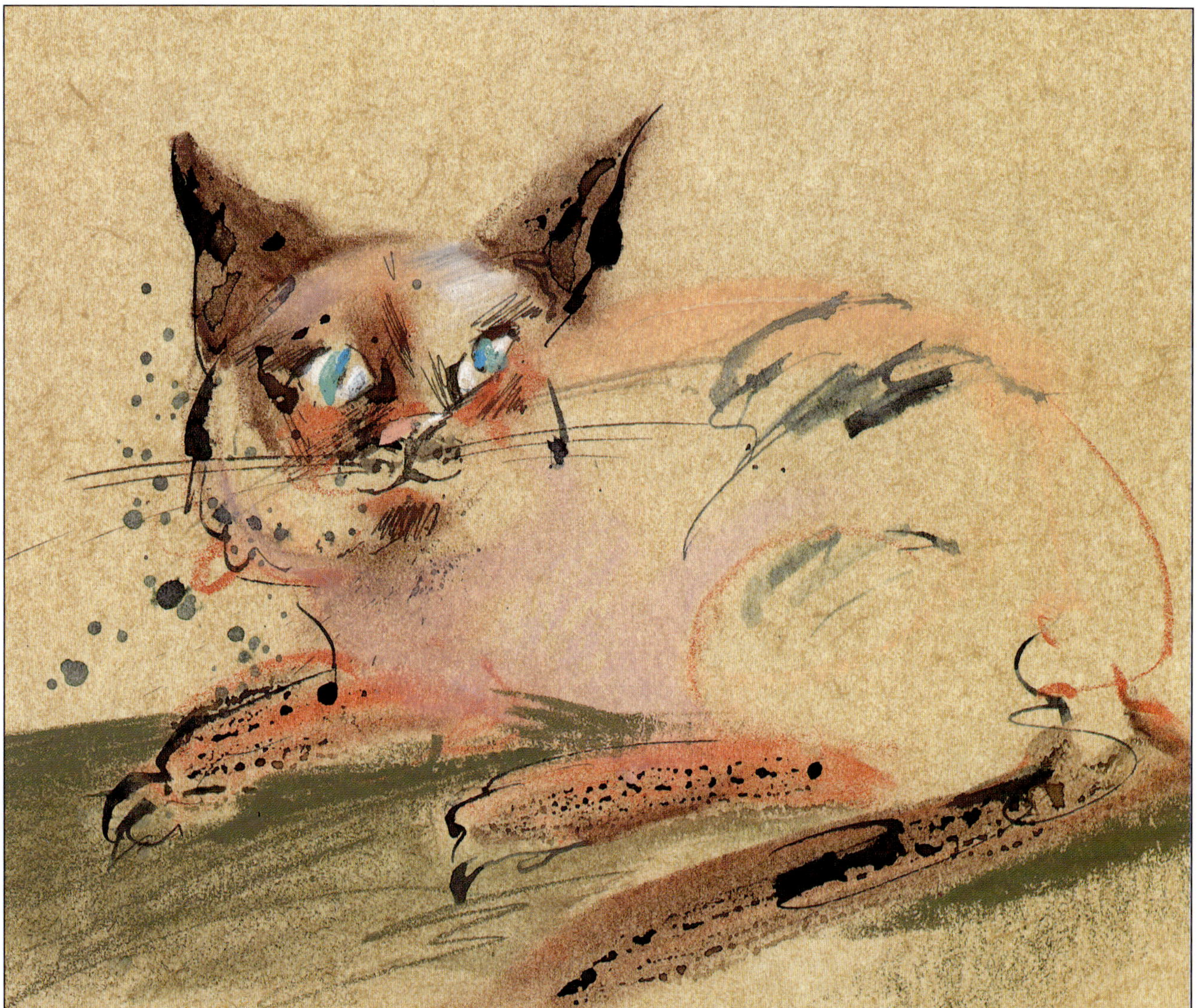

Eine Zeichnung ausarbeiten

Ein Problem, das sich beim Ausarbeiten einer Zeichnung immer wieder stellt, ist es, die passende Technik zu finden. Grundsätzlich gibt es zwei Möglichkeiten. Bei der ersten steht die Technik im Vordergrund: Sie haben sich für einen bestimmten Stift oder eine spezielle Art des Zeichnens entschieden und wollen Ihr Motiv dieser Technik unterordnen. Sie werden dann selbst feststellen, ob der von Ihnen gewählte Zeichenstil dem Charakter Ihres Motivs entspricht.
Die zweite Möglichkeit ist, sich mit einem Objekt so lange auseinanderzusetzen, bis man weiß, mit welcher Technik man die typischen Eigenheiten am besten wiedergeben kann. Das beginnt mit dem Berühren des Tieres. Das weiche Fell eines Hundes fühlt sich anders an als die Haut eines Elefanten, das Fell einer Kuh anders als das einer Katze.
Bei der Schildkröte hat mich das Anfassen des Tieres stark beeinflußt. Der Kopf fühlt sich eher kühl und glatt an, während der Panzer rauh und strukturiert ist. Ich habe versucht, diesem Unterschied durch den Einsatz verschiedener Arbeitsmethoden gerecht zu werden.
Auf Papierresten fertige ich mehrere Vorskizzen an, in denen ich mein Motiv auf seine Grundformen beschränke, und stelle so fest, in welcher Position ich das Tier zeichnen möchte.

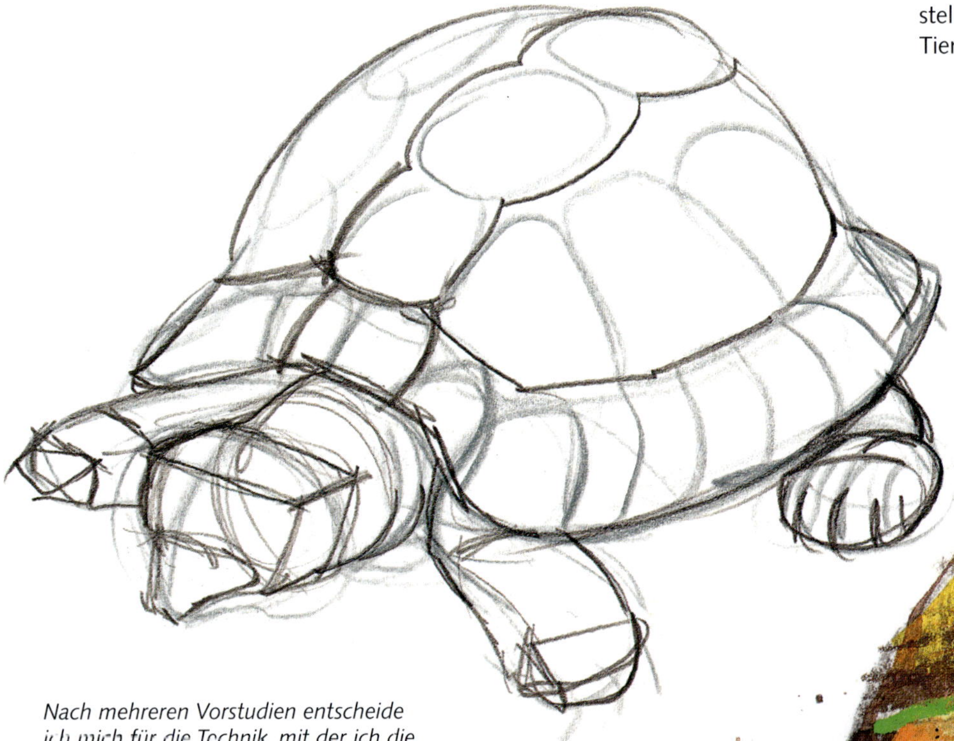

Nach mehreren Vorstudien entscheide ich mich für die Technik, mit der ich die Zeichnung ausführe. Da Panzer und Haut sehr unterschiedlich strukturiert sind, bevorzuge ich diesmal eine Mischtechnik, deren Ausgangspunkt die Tuschezeichnung ist. Ich verwende braune Tusche für den Panzer und schwarze Tusche für die im Dunkeln liegenden Hinterfüße. Teile des Panzers und den Boden grundiere ich mit Aquarellfarben.

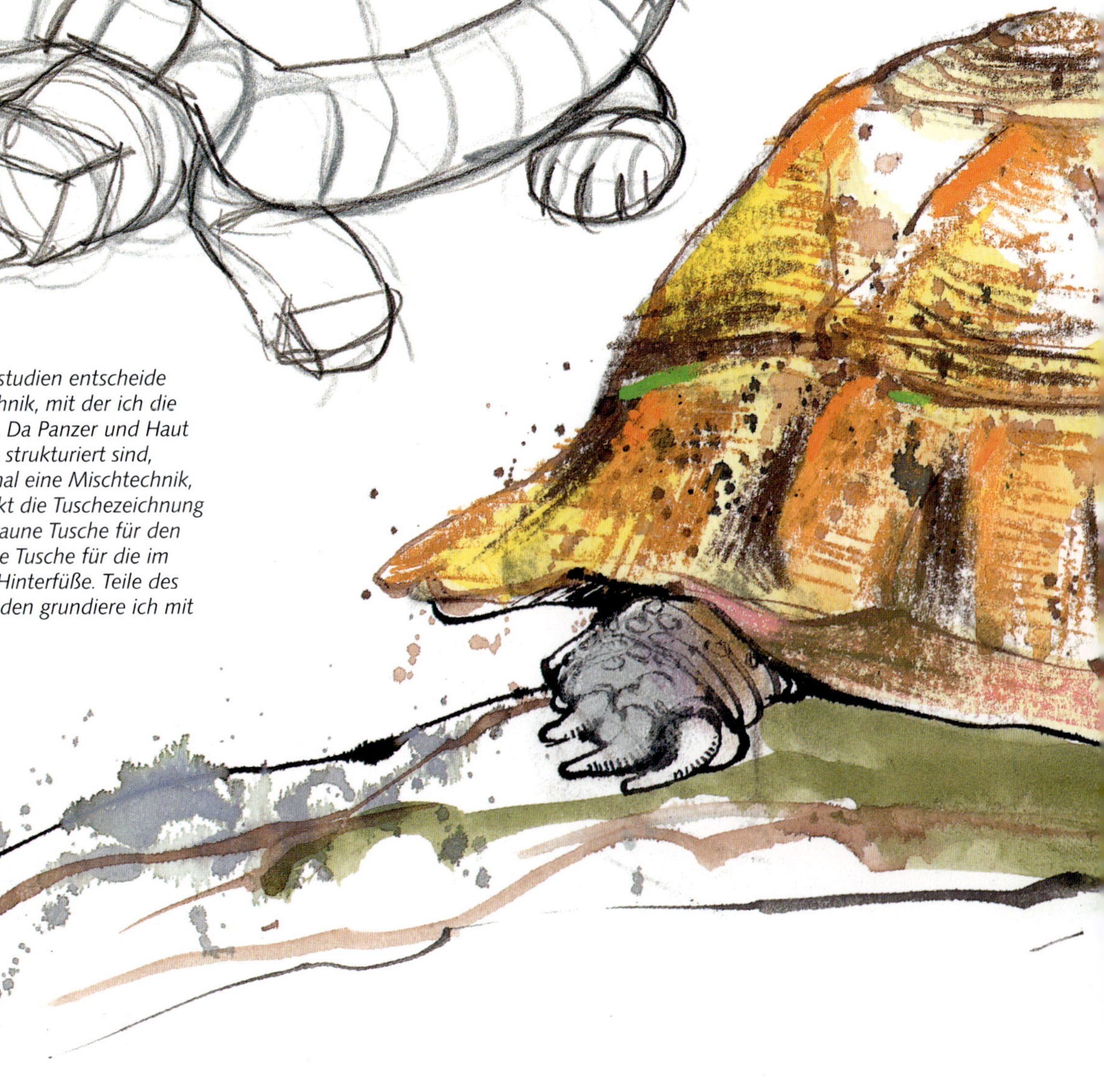

Die Schildkröte ist ein geduldiges Modell, das sich praktischerweise nicht einfach davonmacht, so daß man es in Ruhe studieren kann. Ich entscheide mich bei der reptilartigen Haut für Pastellkreiden, die ich verreibe, und Bleistift, mit dem ich die Hautplättchen einzeichne. Sie sehen das in der Vergrößerung oben deutlich. Als Kontrast setze ich die Kanten der Ölkreiden auf dem harten Panzer als Maserung ein, gezeichnet habe ich ihn mit Tusche und Feder.
Nehmen Sie dieses Motiv, und probieren Sie verschiedene Techniken aus!

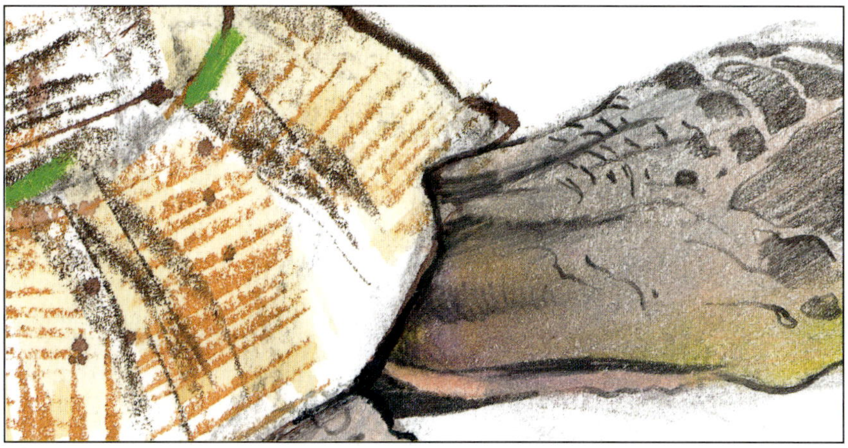

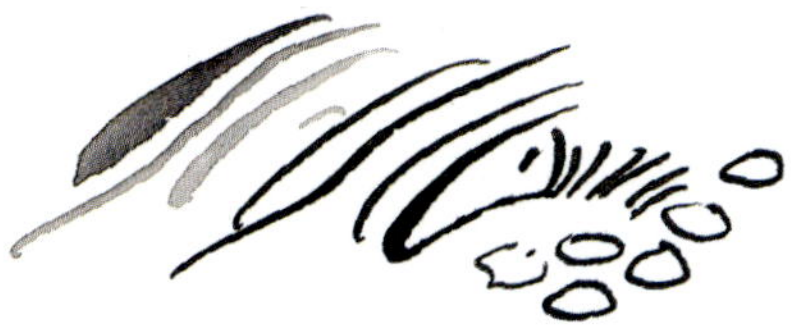

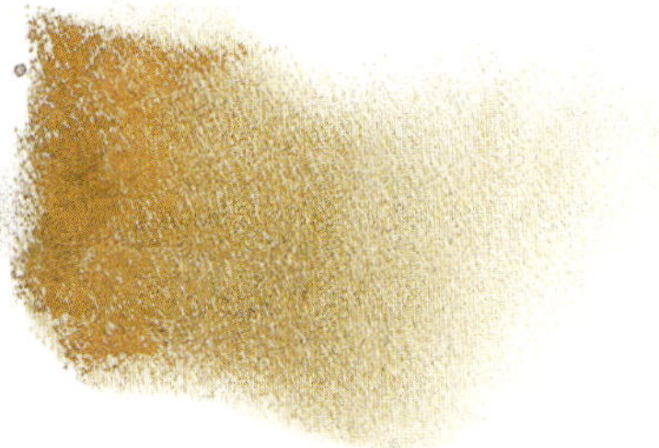

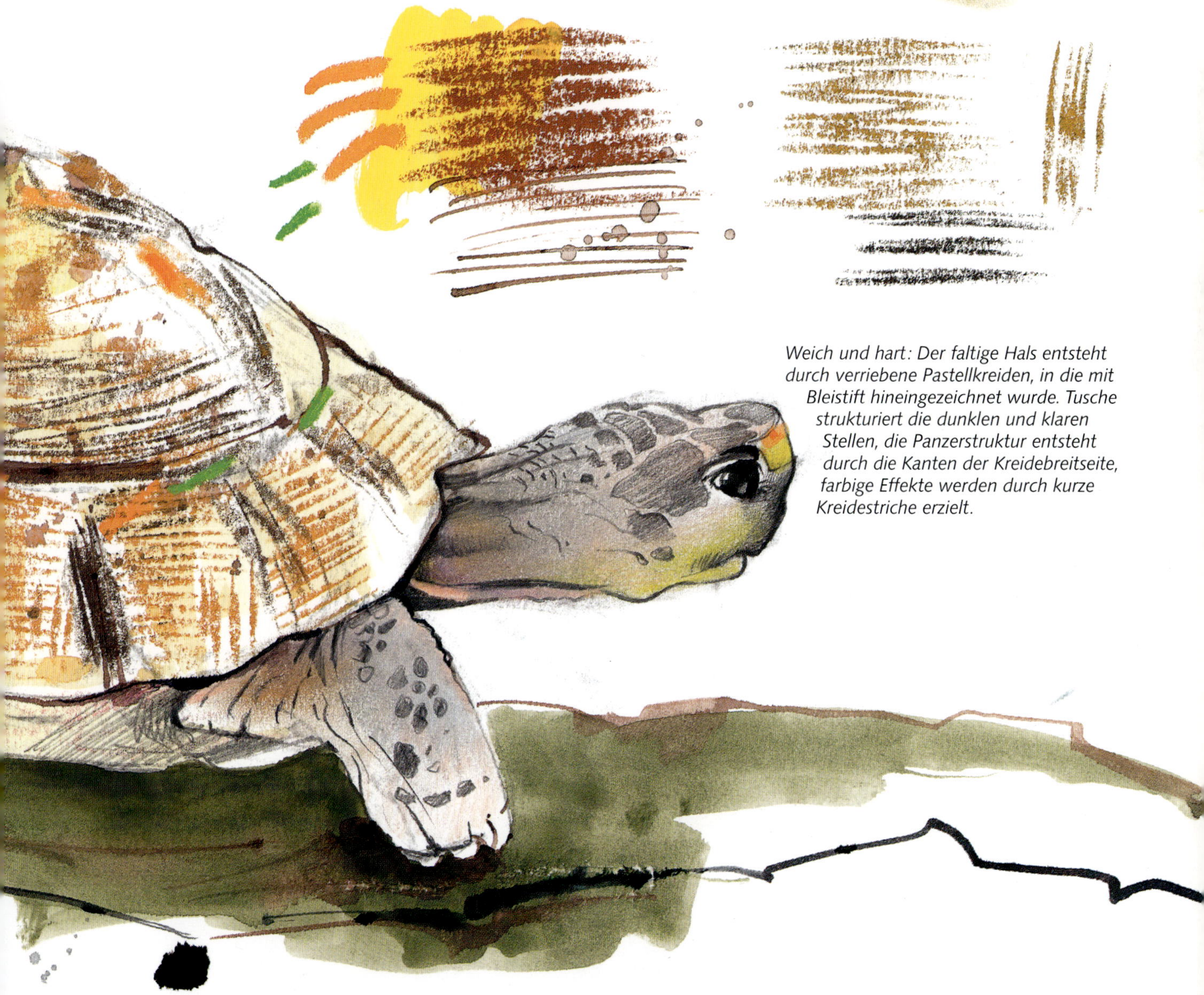

Weich und hart: Der faltige Hals entsteht durch verriebene Pastellkreiden, in die mit Bleistift hineingezeichnet wurde. Tusche strukturiert die dunklen und klaren Stellen, die Panzerstruktur entsteht durch die Kanten der Kreidebreitseite, farbige Effekte werden durch kurze Kreidestriche erzielt.

Tiere im Zoo

Wer keine Haustiere hat und sie auch nicht bei Freunden „ausleihen" kann, muß in den Zoo gehen. Dies ist zudem die einzige Möglichkeit, einmal exotische oder ungewöhnliche Tiere zeichnen zu können. Allerdings muß man damit rechnen, daß einem Neugierige über die Schulter schauen, was nicht jedermanns Sache ist. Außerdem ist die Sicht auf die Tiere oft nicht sehr gut, manchmal verstecken sie sich in ihrem Bau oder sind weit vom Betrachter entfernt. Auch die Gitterstäbe können störend sein und den Blick einschränken.

Eine zweite Möglichkeit besteht darin, ausgestopfte Tiere zu zeichnen. Das ist natürlich sehr praktisch, weil man sie in Ruhe von allen Seiten betrachten und so auch einmal Details zeichnen kann, die man sonst selten so gut erkennt. Ausgestopfte Tiere finden Sie in Naturkunde-, Jagd- oder ähnlichen Museen. Die dritte Möglichkeit ist die Fotografie. Zeichnet man jedoch ausschließlich davon ab, besteht die Gefahr, daß die Zeichnung ebenso steif wird wie die starre und flache Vorlage. Wenn Sie sehr gern von Fotos abzeichnen, rate ich Ihnen daher, Tierbilder aus Zeitschriften auszuschneiden und zu sammeln. Auf diese Weise bekommen Sie nach einiger Zeit mehrere Bilder von einem Tier und können es in verschiedenen Bewegungen sehen.

Im Zoo sollte man auf jeden Fall einen Zeichenblock mit Unterlage dabeihaben, da die Standorte manchmal doch recht ungünstig sind. Die Gitterstäbe können Sie ignorieren, oder als Hilfslinien für die Proportionen des Tieres verwenden. So ließe sich zum Beispiel feststellen, daß der Kopf zwei Zwischenräume einnimmt und der Körper vielleicht sechs, und danach könnte man die Größenverhältnisse berechnen.

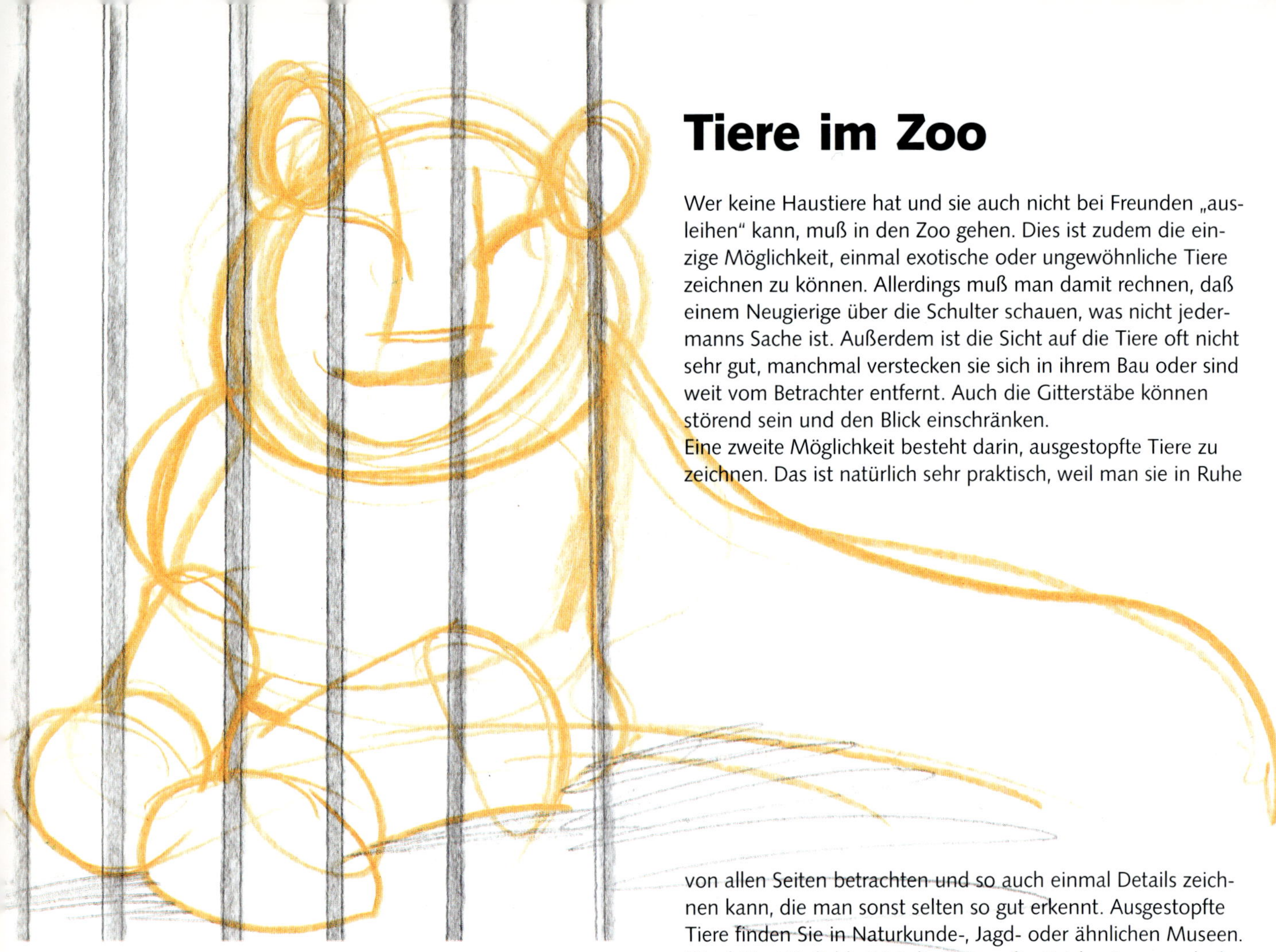

Gitterstäbe können eine Hilfe sein, um die richtigen Proportionen zu finden.

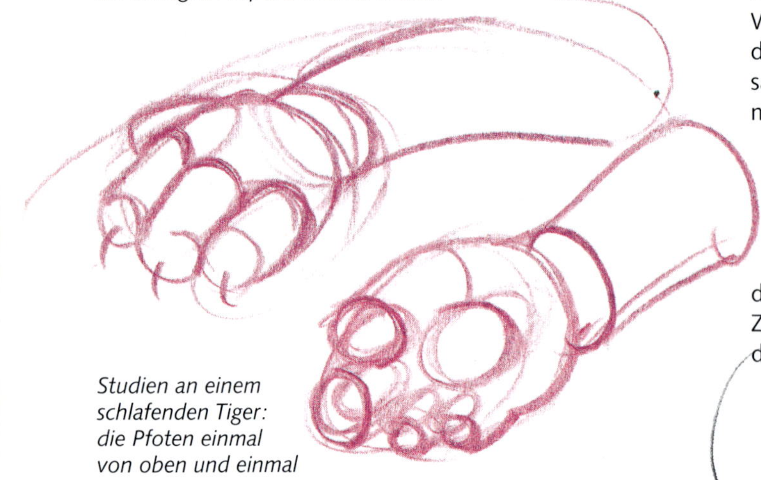

Studien an einem schlafenden Tiger: die Pfoten einmal von oben und einmal von unten.

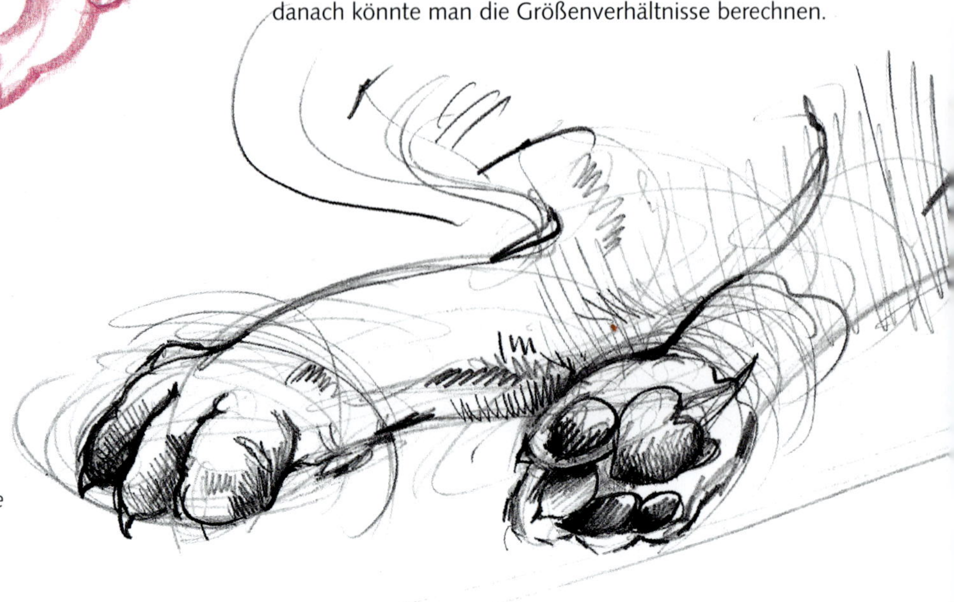

Auch wenn Teile des Tieres eventuell verdeckt sind, lassen sich noch Studien machen. So streckte mir einmal ein schlafender Tiger nur seine Pfoten entgegen, alles andere war kaum zu sehen. Ich habe die Gelegenheit genutzt und sie mir einmal genauer angesehen.

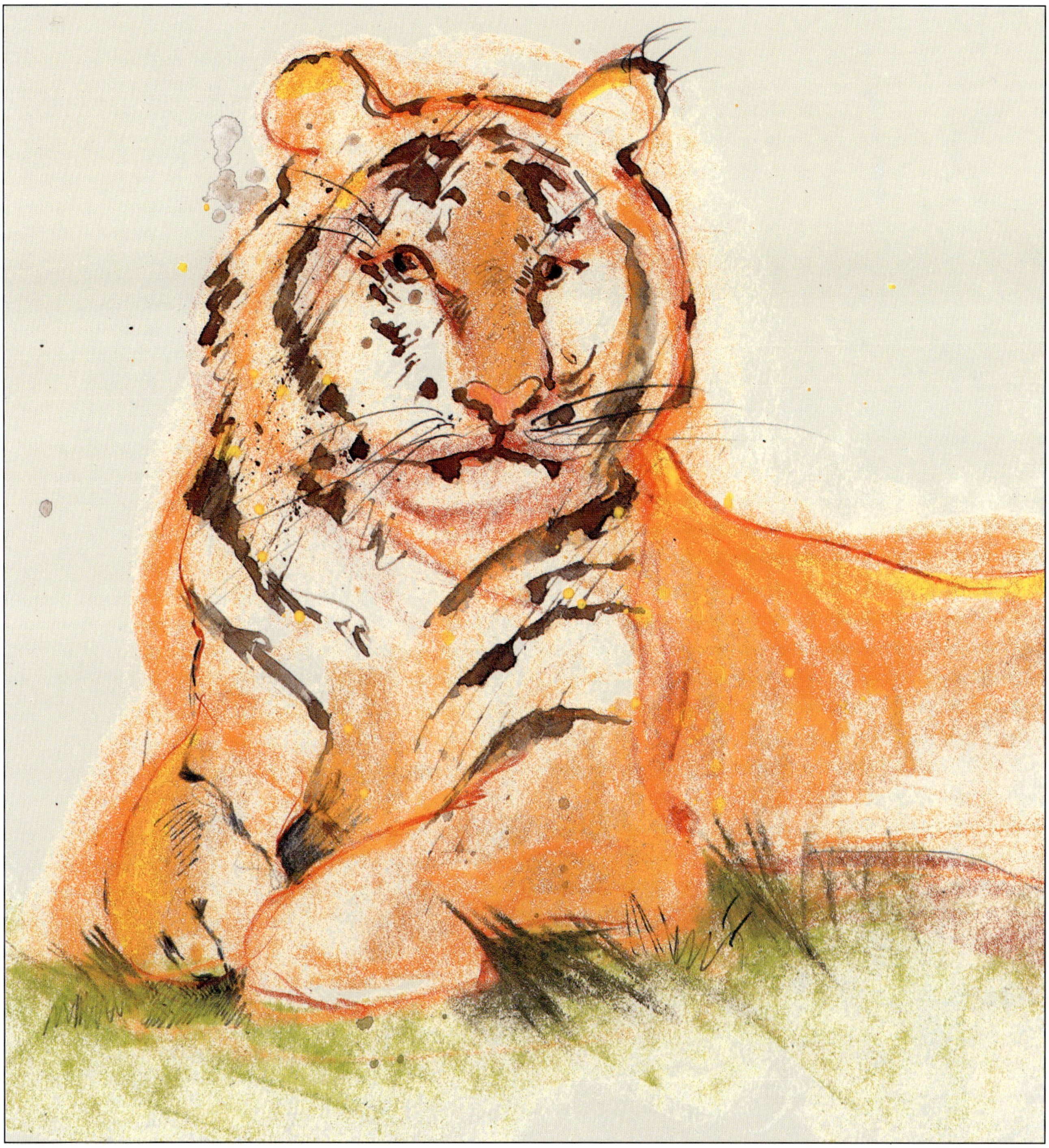

Manchmal ist auch eine Kombination von Naturstudie und Fotografie möglich. Die Tierskizzen aus dem Zoo können durch Details, die man auf einem Foto besser sehen kann, ergänzt werden. Der Tiger im Bild oben blieb zwar eine ganze Weile aufmerksam sitzen, trollte sich aber dann, bevor ich noch alle Details seiner Musterung abzeichnen konnte. Mehrere Fotos haben mir dann zu Hause geholfen, mein Bild zu vervollständigen.

Die markante Zeichnung des Tigers trägt ganz natürlich dazu bei, seinen Körper plastisch erscheinen zu lassen, da die Streifen den Erhöhungen und Vertiefungen folgen. Die Grundform des Tieres habe ich mit orangen und ockerfarbenen Wachskreiden angelegt, da diese die Struktur des Fells besonders gut wiedergeben. Die klare, detaillierte Zeichnung des Fells wurde dann mit brauner Kreide vorgezeichnet und danach mit brauner Tusche ausgearbeitet. Um den Eindruck eines sonnigen Nachmittags zu erwecken, habe ich die Gelbtöne verstärkt. Da ich es nicht mag, wenn meine Tiere keinen Untergrund haben, gebe ich ihnen gern einen festen Boden, wie hier das Gras.

Übung: Mischen Sie einmal die Techniken und beobachten Sie die Wirkung. Nehmen Sie dazu das Foto eines Felltieres und grundieren Sie mit Kreiden den Körper in dessen Grundfarbe. Zeichnen Sie dann mit Stiften Fell, Licht und Schatten darüber. Wenn Sie Lust haben, verfälschen Sie nun in einer weiteren Skizze die Farben und vergleichen die Aussage.

Köpfe

Einer der einfachsten Wege, das Charakteristische eines Tieres zu verstehen, ist es, sich die Kopfform beziehungsweise das Profil einzuprägen, denn jede Tierart besitzt da seine Eigenheiten. Vergleichen Sie die Beispiele links miteinander. Rinder haben ein eher nach innen gewölbtes Profil, das mit den Hörnern abschließt. Im Gegensatz dazu der Eisbär, dessen Profillinie nach außen gewölbt ist. Einmal abgesehen von der Farbe ist es übrigens genau diese flache Rundung, durch die er sich deutlich vom Braunbären unterscheidet. Der nämlich hat eine fast eckige Stirn, ähnlich der einiger Hunderassen. Das Pferd wiederum hat eine ziemlich gerade Nasen-Stirn-Partie, die sich zwar je nach Rasse verändert, aber trotzdem im Vergleich zu anderen Tieren gerade wirkt. Auch der Löwe hat eine fast gerade Profillinie, die sich noch verstärkt, wenn er brüllt. Natürlich gibt es auch noch andere Merkmale, die zur Charakterisierung der verschiedenen Tierarten beitragen, wie zum Beispiel die Mähne des Löwen, unten mit Kreiden und Bleistift dargestellt.

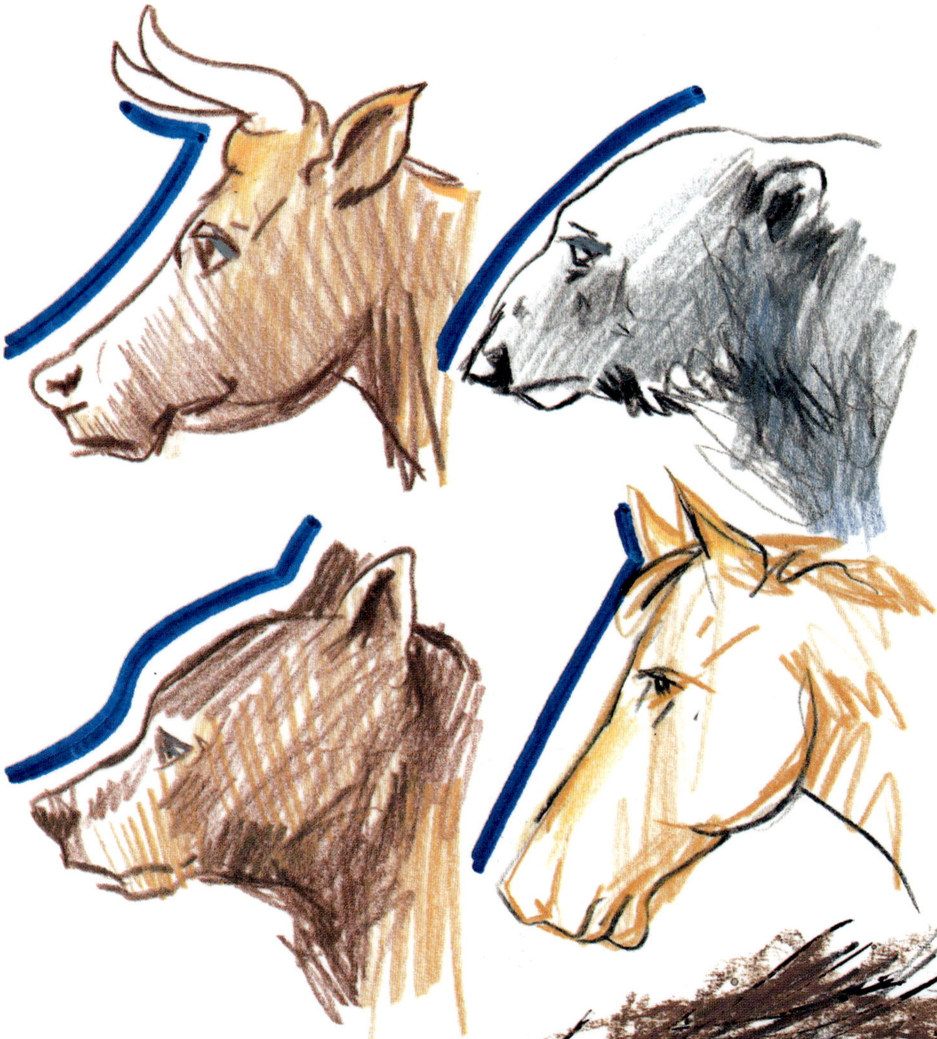

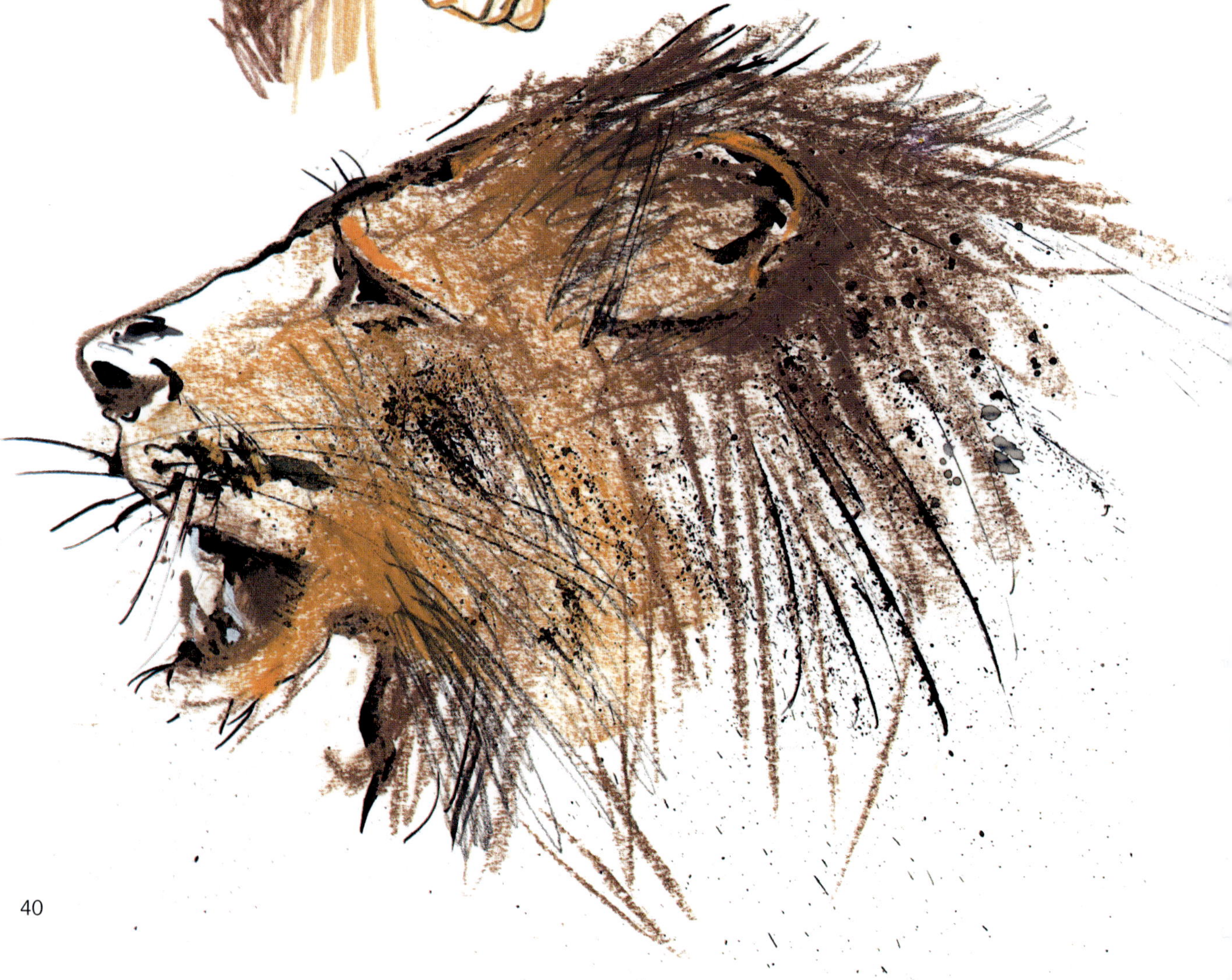

Farbe und Zeichnung des Fells

Weitere charakterisierende Merkmale sind das Fell (oder die Haut) und die Zeichnung eines Tieres. Sehr oft ist es zu schwer, beides ganz genau abzuzeichnen. Zum Beispiel kann man unmöglich jeden Fleck eines Leopardenfells wiedergeben. Man ist also gezwungen, zu vereinfachen oder frei zu übersetzen. Legen Sie zunächst die Grundformen Ihres Tieres fest, und konzentrieren Sie sich dann auf seine Zeichnung. Betrachten Sie diese ganz in Ruhe, und beobachten Sie an sich selbst, was Sie daran am meisten beeindruckt oder anregt oder welche Eigenheit Ihnen besonders wichtig erscheint.
Nehmen wir das Raubtier rechts: Es war mir nicht wichtig, den sanften, katzenähnlichen Teil seines Charakters anzudeuten, sondern ich wollte ein echtes Raubtier darstellen. Das Rot verkörpert dabei das Aggressive, Angreifende und unterstützt die gefährlich wirkenden spitzen Zähne. Die Flecken im Fell sind nicht nur schwarz, sondern ich habe auch hier das Rot mit einbezogen.

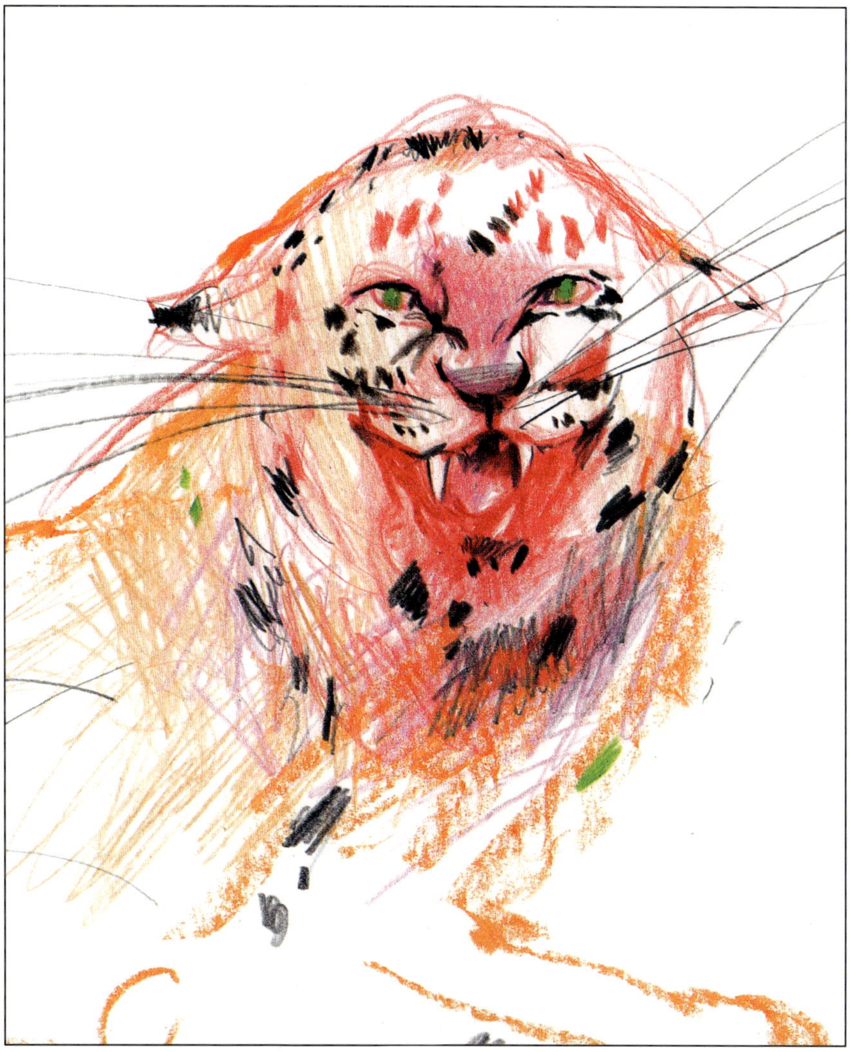

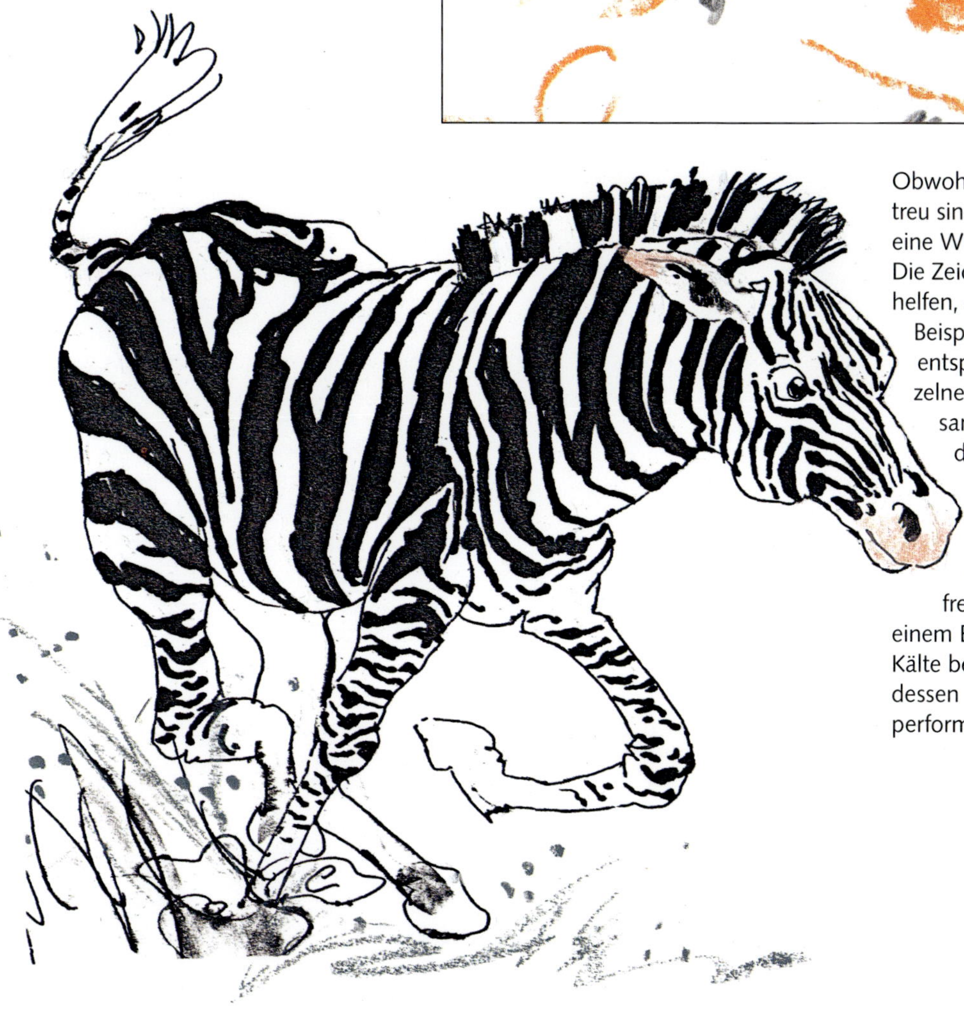

Obwohl die Farben nicht mehr naturgetreu sind, stellt das Bild doch eindeutig eine Wildkatze dar.
Die Zeichnung eines Fells kann auch helfen, den Körper zu formen. Ein gutes Beispiel dafür ist das Zebra. Natürlich entspricht auch hier nicht jeder einzelne Streifen der Natur, doch insgesamt stimmen die Verteilung und die Art der Streifen mit der Realität überein. Sie modellieren die Rundungen des Körpers, der Beine und der Kopfform.
Machen Sie doch auch einige freie Versuche! Wie wäre es mit einem Eisbären in Blautönen, die die Kälte betonen, oder mit einem Tiger, dessen Streifen auch im Liegen die Körperform nachzeichnen?

Ausdruck und Aussage

Jedes Tiergesicht hat seinen spezifischen Ausdruck, den wir häufig mit menschlichen Gefühlen interpretieren. Manche Tiere sehen für uns traurig aus, andere wiederum lustig oder aggressiv. Viele Tiere besitzen auch symbolische Bedeutung und stehen für Begriffe wie Treue, Macht, List oder Frieden, wir sprechen vom treuen Hund, dem listigen Fuchs oder der Friedenstaube. Nicht immer haben diese Begriffe tatsächlich etwas mit dem Charakter des Tieres zu tun (so ist ein Esel keineswegs dumm oder ein Schwein schmutzig), trotzdem aber werden wir beim Zeichnen bestimmter Tiere diese Aussage unbewußt unterstützen.
Dem Affen werden besonders viele menschliche Eigenschaften zugesprochen. Ich habe ihn vor einigen Jahren für den Tierschutz gezeichnet. In diesem Fall sollte er ansprechend gestaltet sein, und gleichzeitig mußte deutlich werden, daß er inzwischen zu den selten gewordenen Tierarten gehört. Ich habe versucht, beiden Ansprüchen gerecht zu werden: das struppige Fell macht ihn zum Kuscheltier, Gesichtsausdruck und Haltung aber zu etwas Exotischen.

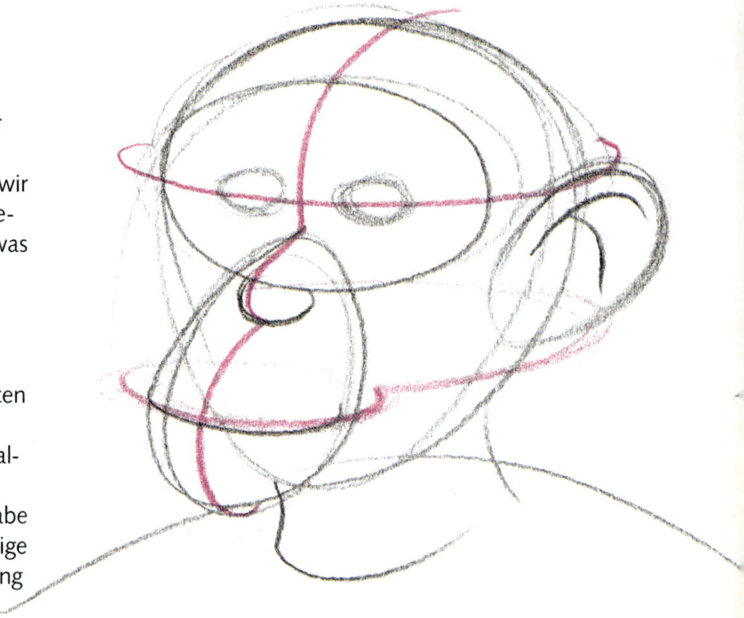

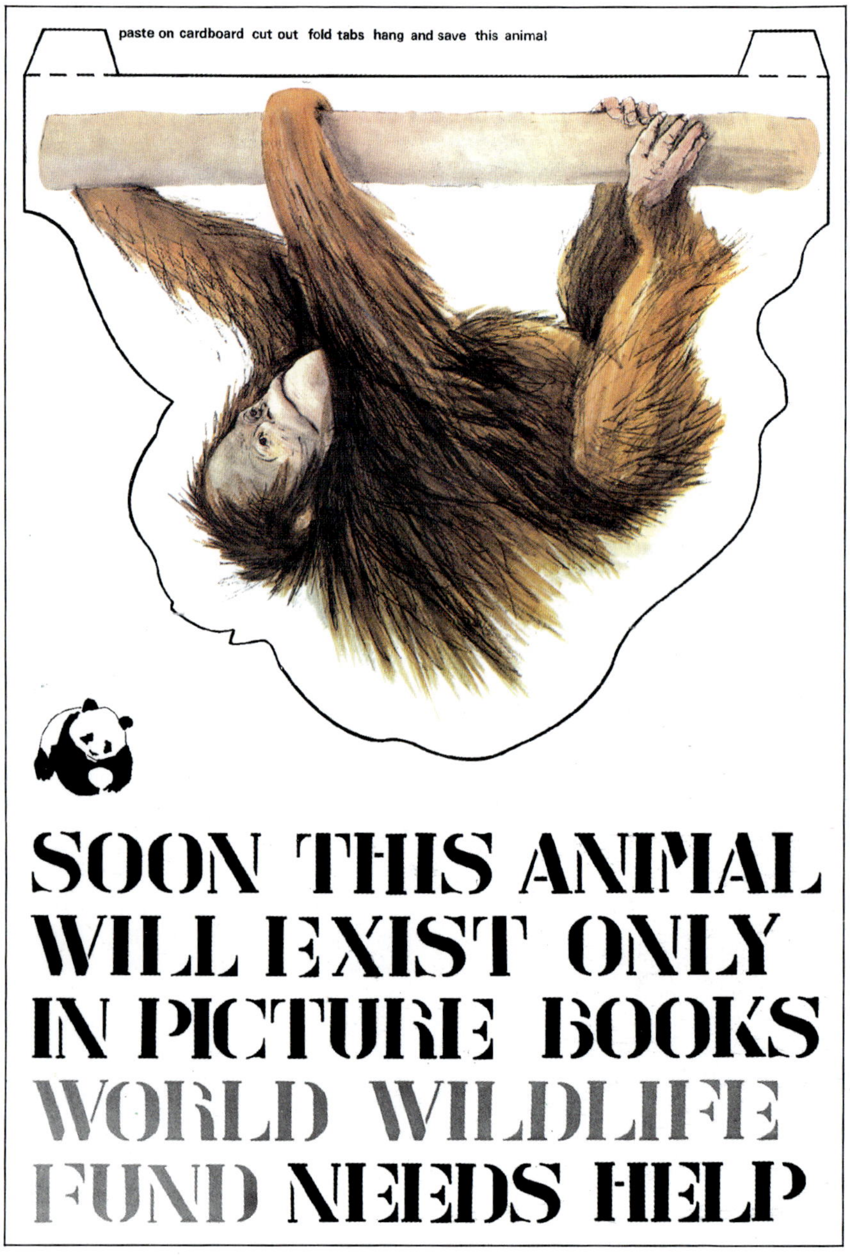

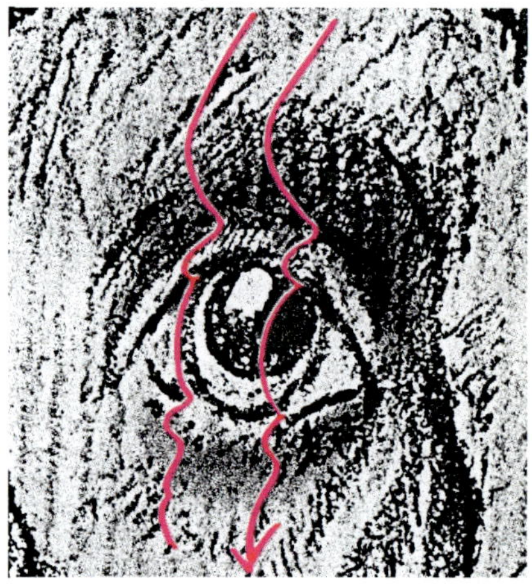

Auch bei einem Affenkopf hilft die übliche Vereinfachung, um sich über die Gesichtspartien klarzuwerden. Achten Sie besonders auf die Augenform, deren Erhöhungen und Vertiefungen durch Licht und Schatten verstärkt werden. Der Ausdruck eines Gesichts wird immer durch die Augen bestimmt. Um einen lebendigen Blick zu bekommen, müssen in die Pupillen Lichtreflexe gesetzt werden. Ohne diese hellen Punkte wirkt ein Auge tot, Sie sehen das im Vergleich der beiden Augen unten. Allerdings gibt es Tiere, die keine sogenannten Highlights in den Augen haben, dazu gehören Reptilien und Fische. Ein typisches Beispiel für solche „toten" Augen ist der Hai.

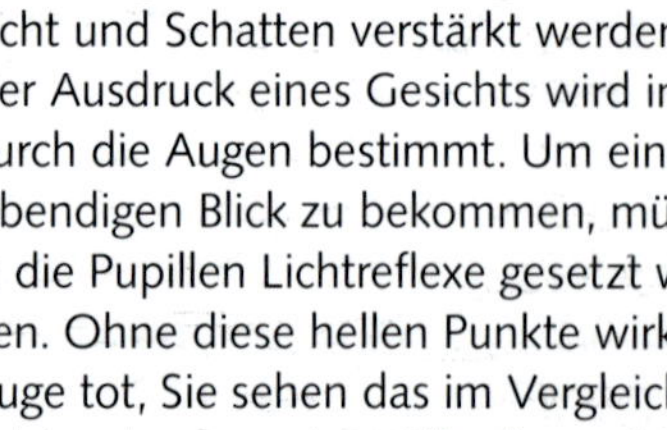

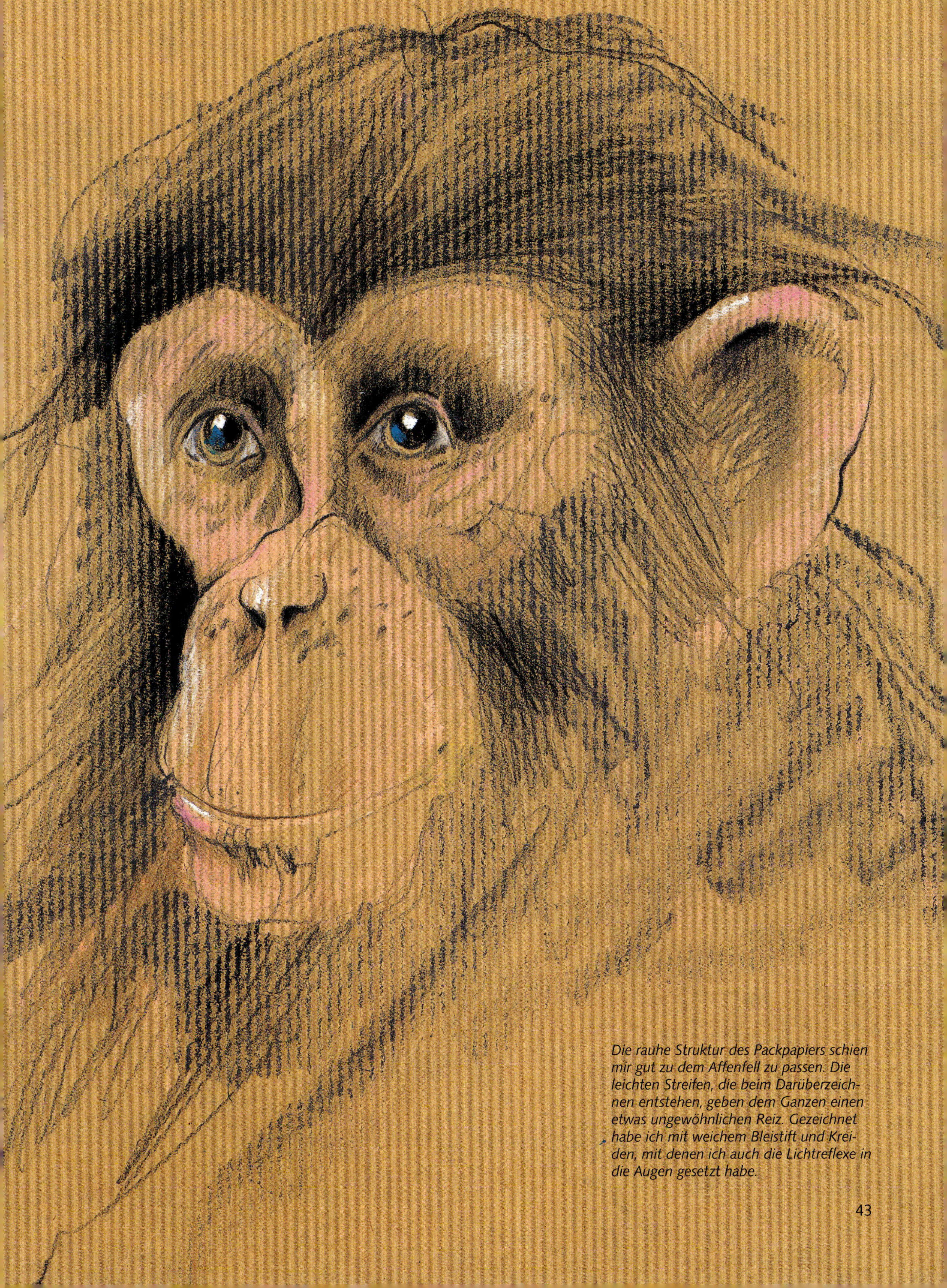

Die rauhe Struktur des Packpapiers schien mir gut zu dem Affenfell zu passen. Die leichten Streifen, die beim Darüberzeichnen entstehen, geben dem Ganzen einen etwas ungewöhnlichen Reiz. Gezeichnet habe ich mit weichem Bleistift und Kreiden, mit denen ich auch die Lichtreflexe in die Augen gesetzt habe.

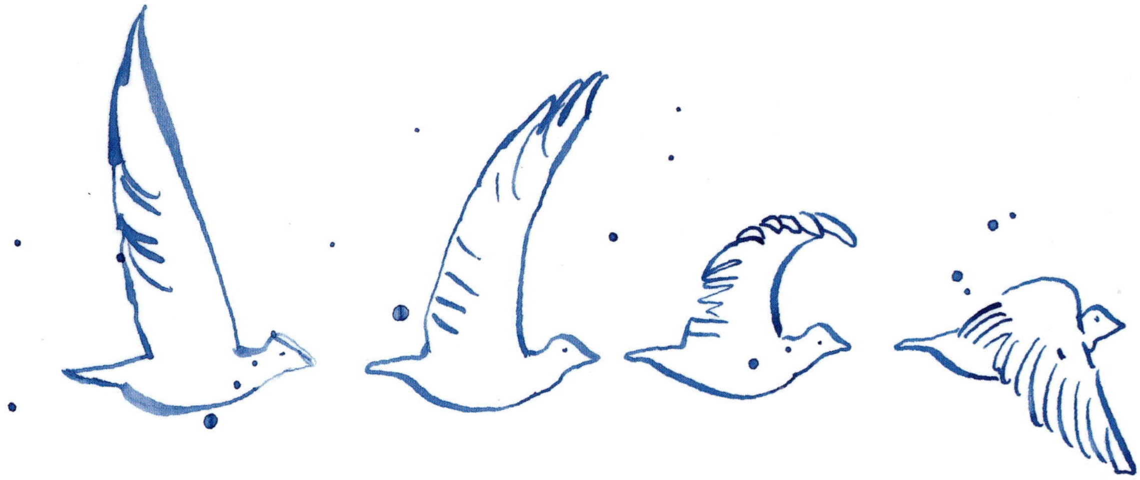

Vögel

Die Artenvielfalt unter den Vögeln ist so groß, der Farben- und Formenreichtum so beeindruckend, daß die Motivauswahl unerschöpflich scheint. Dabei müssen Vögel nicht unbedingt Mittelpunkt eines Bildes sein, sie können auch ein Landschaftsbild ergänzen oder charakterisieren, denken Sie nur an die Möwen am Meer oder die Schwalben am Sommerhimmel. Wer keine ausgestopften Vögel zeichnen möchte (was übrigens eine wunderbare Übung ist für denjenigen, der sich mit Farbe und Struktur von Federn beschäftigen möchte) oder keinen Vogel im Käfig zur Verfügung hat, steht vor dem Problem, daß Vögel leider sofort wegfliegen, sobald man in ihre Nähe kommt. Sie geben uns also wenig Chancen, sie genau zu studieren. Deshalb hier ein paar grundsätzliche Tips: Der Körperbau eines Vogels ist, wie bei den Säugetieren, im Prinzip dem des Menschen nicht unähnlich, wir müssen uns nur die Flügel als Arme mit abwärts gebogenen Händen vorstellen, wie in dem Bild links. Die Bewegung des Fliegens ist bei allen Vögeln die gleiche: Die Flügel bewegen sich nach vorne, nach unten, nach hinten und wieder nach oben, ähnlich der Armbewegung eines Schwimmers beim Crawlen. Mit geschlossenen Federn schießt der Flügel nach vorne, entsprechend der geschlossenen Hand eines Schwimmers, am Ende des Flügelschlags werden die Federn gespreizt und gedreht, um die Luft hindurchzulassen und so Auftrieb zu bekommen.

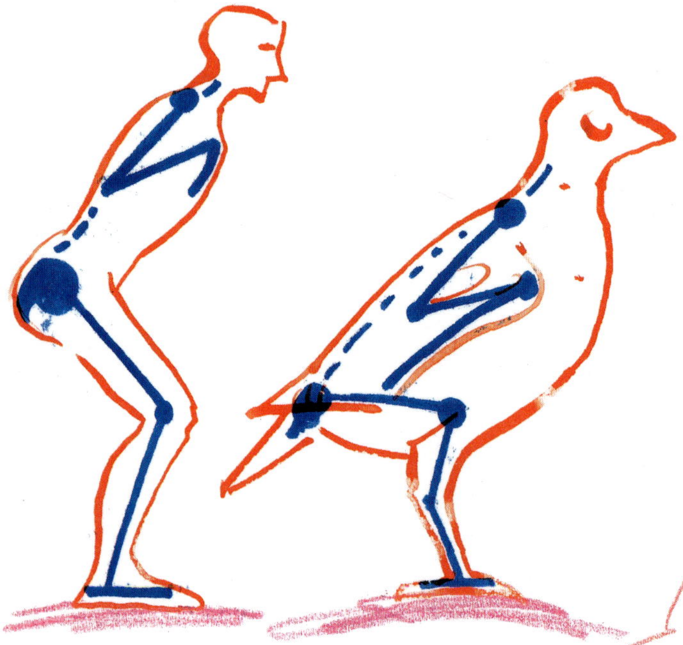

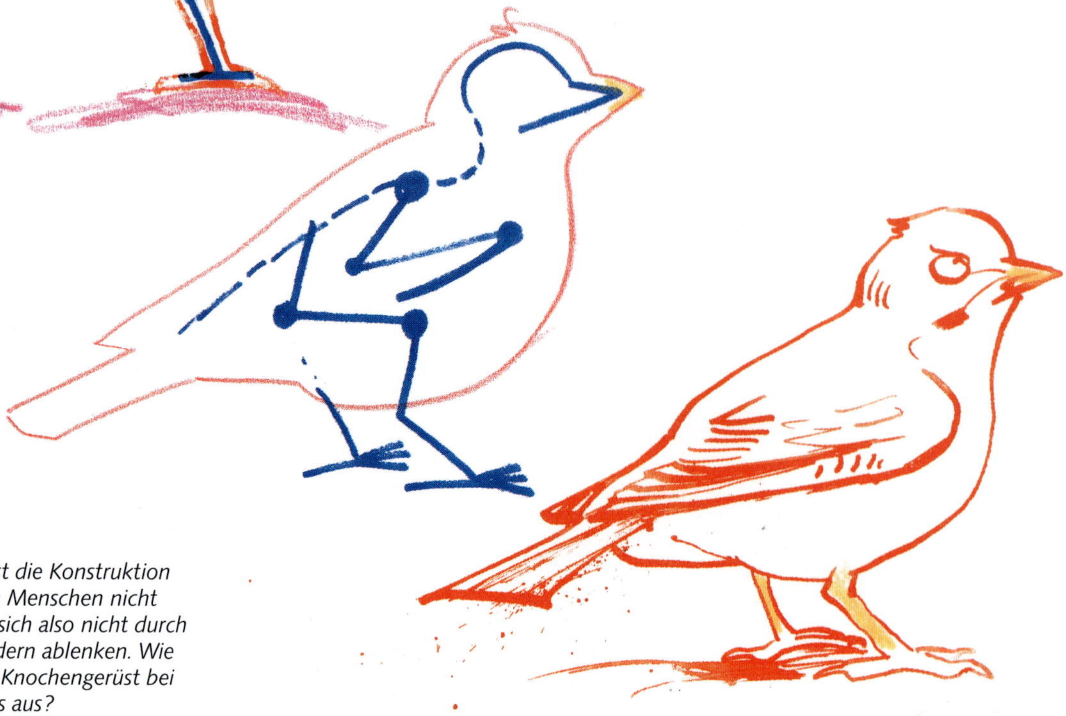

Unter dem Gefieder ist die Konstruktion des Vogelkörpers dem Menschen nicht unähnlich. Lassen Sie sich also nicht durch Farbenpracht oder Federn ablenken. Wie sähe das vereinfachte Knochengerüst bei dem Vogel ganz rechts aus?

Die Bewegung des Fliegens ähnelt der Armbewegung eines Schwimmers beim Crawlen: Die Flügel bewegen sich nach vorne, nach unten, nach hinten und wieder nach oben.

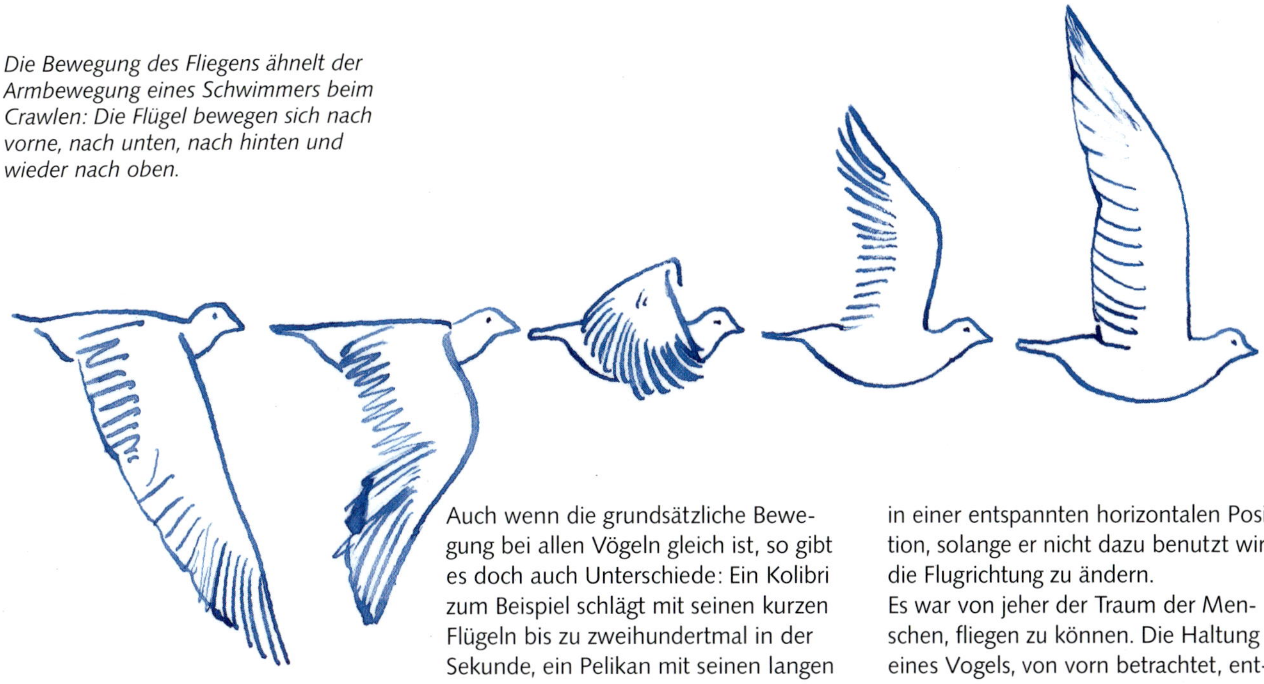

Auch wenn die grundsätzliche Bewegung bei allen Vögeln gleich ist, so gibt es doch auch Unterschiede: Ein Kolibri zum Beispiel schlägt mit seinen kurzen Flügeln bis zu zweihundertmal in der Sekunde, ein Pelikan mit seinen langen Schwingen gerade nur ein- oder zweimal.

Die Beine der Vögel liegen während des Fluges nach hinten an, der Schwanz ist in einer entspannten horizontalen Position, solange er nicht dazu benutzt wird, die Flugrichtung zu ändern.

Es war von jeher der Traum der Menschen, fliegen zu können. Die Haltung eines Vogels, von vorn betrachtet, entspricht im Vergleich sogar der Haltung eines Menschen in dieser Position. Die heutigen Drachenflieger ähneln diesem Bild sehr (Abbildung unten).

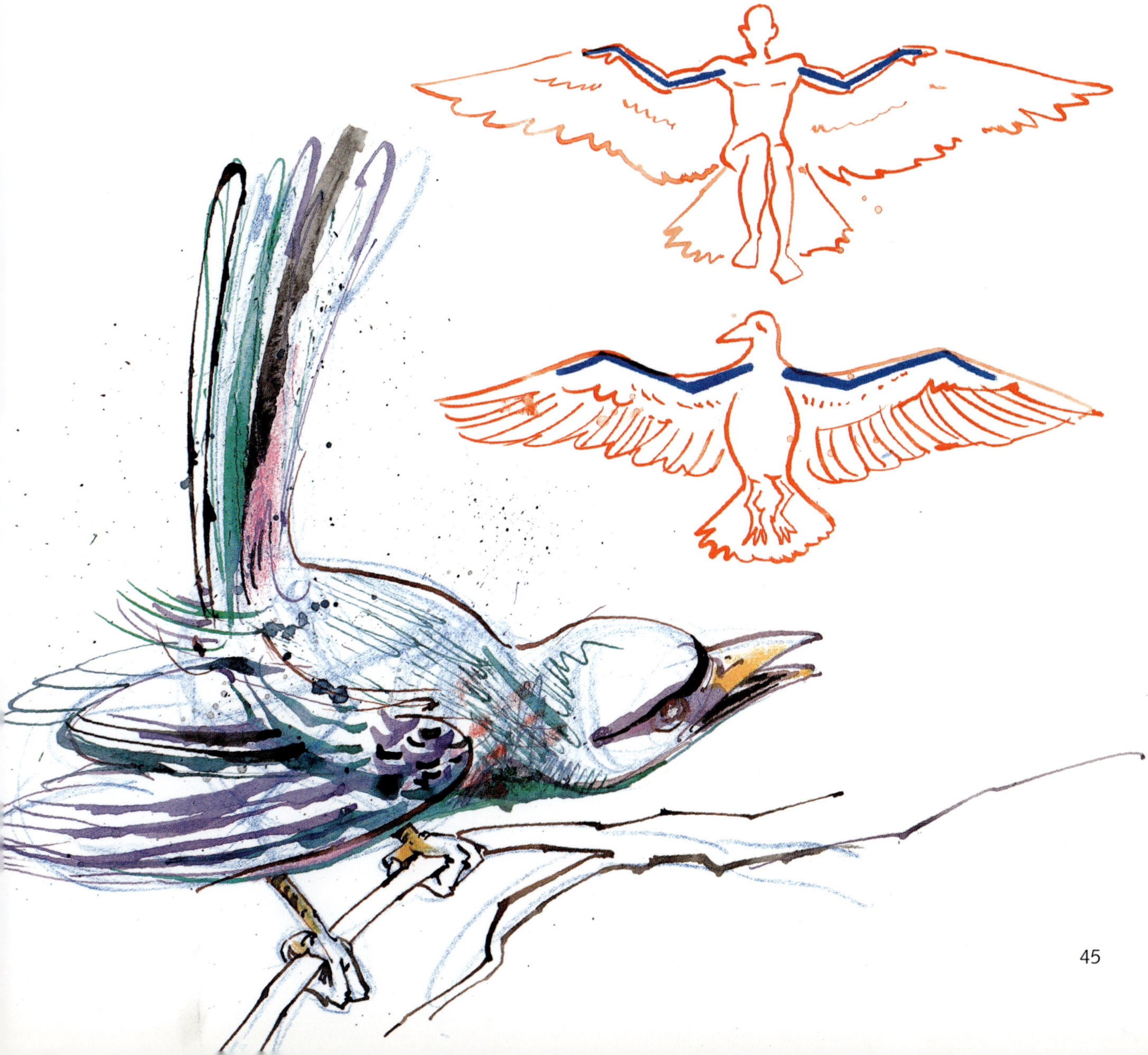

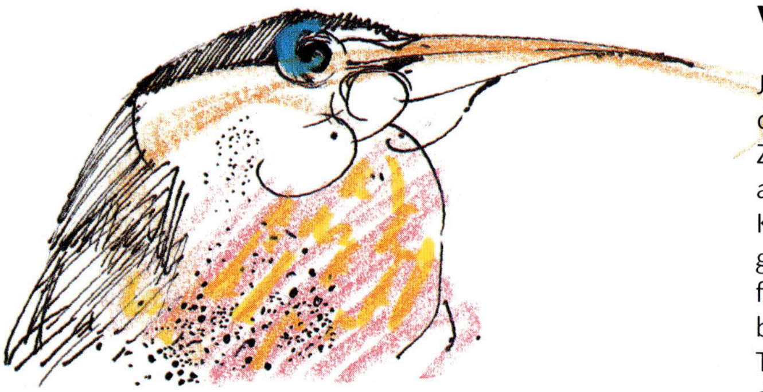

Verschiedene Techniken

Jeder Vogel hat etwas Typisches, sei es die Farbe seines Gefieders, die Körperform, seine Haltung oder der Kopf. Und jeder Zeichner wird einen Vogel anders darstellen, er wird etwas anderes hervorheben oder betonen. Für mich sind immer die Köpfe sehr wichtig und mit ihnen der „Gesichtsausdruck". Da gibt es arrogant wirkende Vögel, hilflose, liebenswerte oder freche. All das möchte ich in der Zeichnung zum Ausdruck bringen. Dabei helfen mir die verschiedenen Techniken, harte Tuschestriche zum Beispiel wirken aggressiver als weiche Kreideschraffuren. Der Pelikan unten strahlt für mich eine gewisse Ruhe aus, er scheint mit sich zufrieden, daher habe ich weiche Wachskreiden und Kohle gewählt. Einen etwas kritischen Gesichtsausdruck hat der Vogel unten, die verschieden harten Bleistifte schienen mir dies besonders gut zu verdeutlichen.

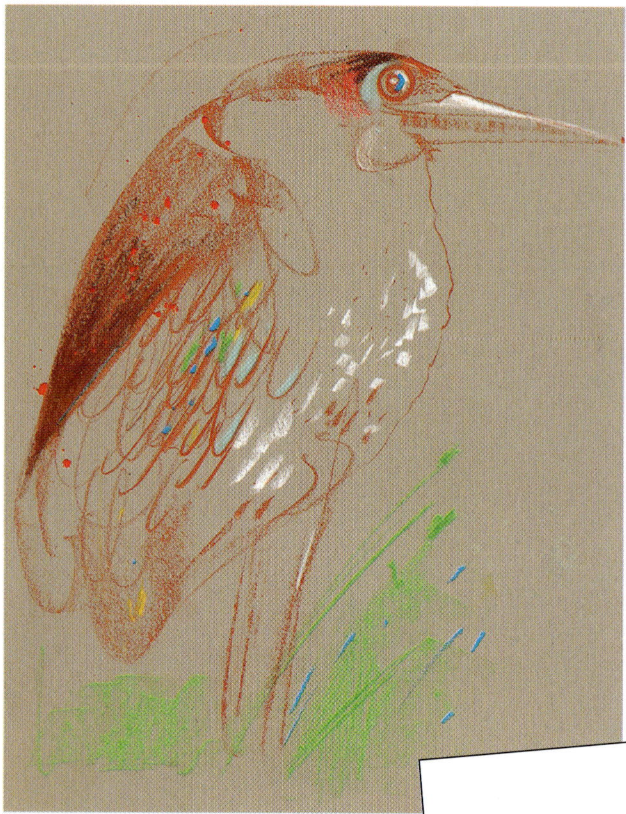

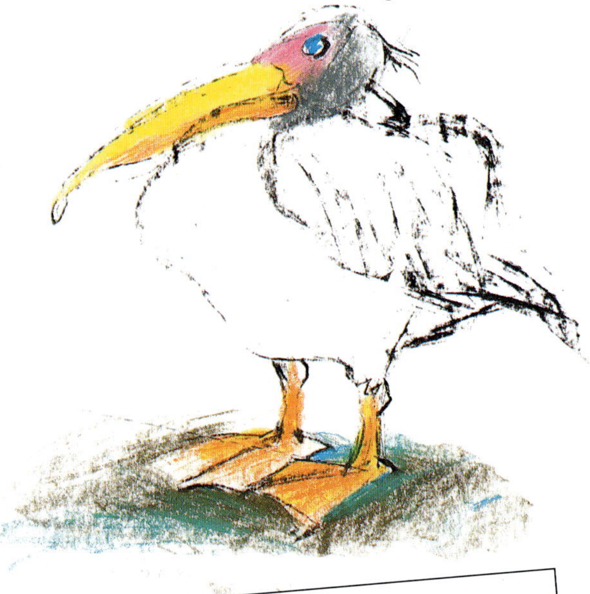

Die großen Augen und der lange Schnabel geben dem Herrn oben einen verschmitzten Gesichtsausdruck. Trotzdem verändert sich dieser Ausdruck, sobald ich die Farben und meinen Zeichenstil variiere. In der Skizze ganz oben wirkt der Vogel aufgrund der harten Filzstiftlinien und der eher frechen Kombination von Pink und Gelb pfiffiger als darunter, wo die weichen Linien und die gedämpften Farben mehr Wärme und Ruhe ausstrahlen.
Ich arbeite gerne mit Kreiden auf getöntem Papier (hier graues Tonpapier, das sehr weich ist und auf dem Tusche zerfließen würde) und beziehe den Hintergrund farblich in die Gesamtkomposition ein. Bewußt nehme ich in Kauf, daß die verhältnismäßig dunkle Farbe das Gelb und Grün der Pastellkreiden dämpft, um durch wenige Kontraste die ruhige Ausstrahlung des Bildes zu erhalten.

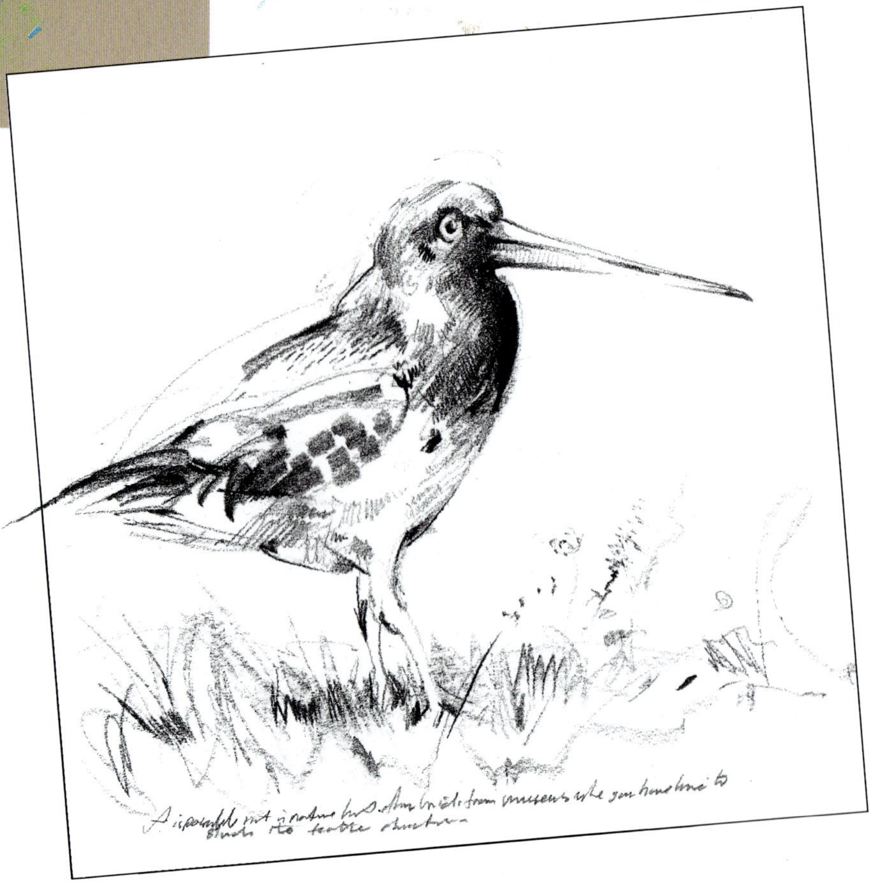

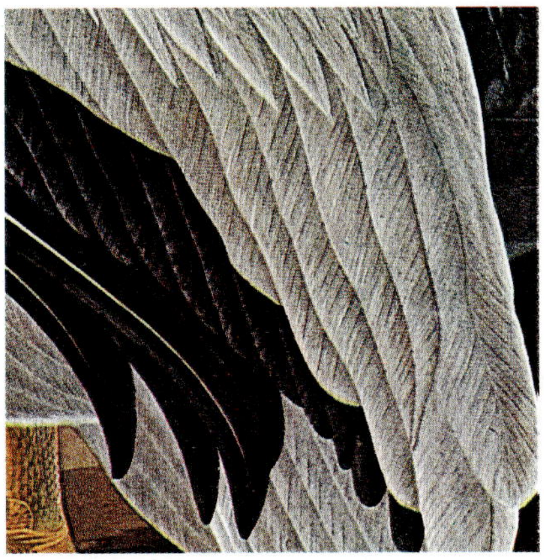

Da man nicht jede einzelne Feder eines Vogels zeichnen kann, muß man zu Vereinheitlichungen greifen.
In dem Ausschnitt links sehen Sie eine sehr genaue Zeichnung der Federn, bei der der Aufbau der Flügel naturgetreu wiedergegeben ist und die Formen in zarten Strukturen auf Aquarellgrundierung mit feinen Pinsel- und Bleistiftstrichen gezeichnet sind. Unten habe ich dasselbe Prinzip viel freier angewandt (hier Farbstift). Dennoch scheint es, als seien die Federn exakt ausgearbeitet worden.

Beim Papagei bestechen in erster Linie die Farben. Um sie nicht zu sehr „herausplatzen" zu lassen, habe ich einige der Töne in dem Baum wiederholt und erhalte dadurch eine stärkere Einheit im gesamten Bild.

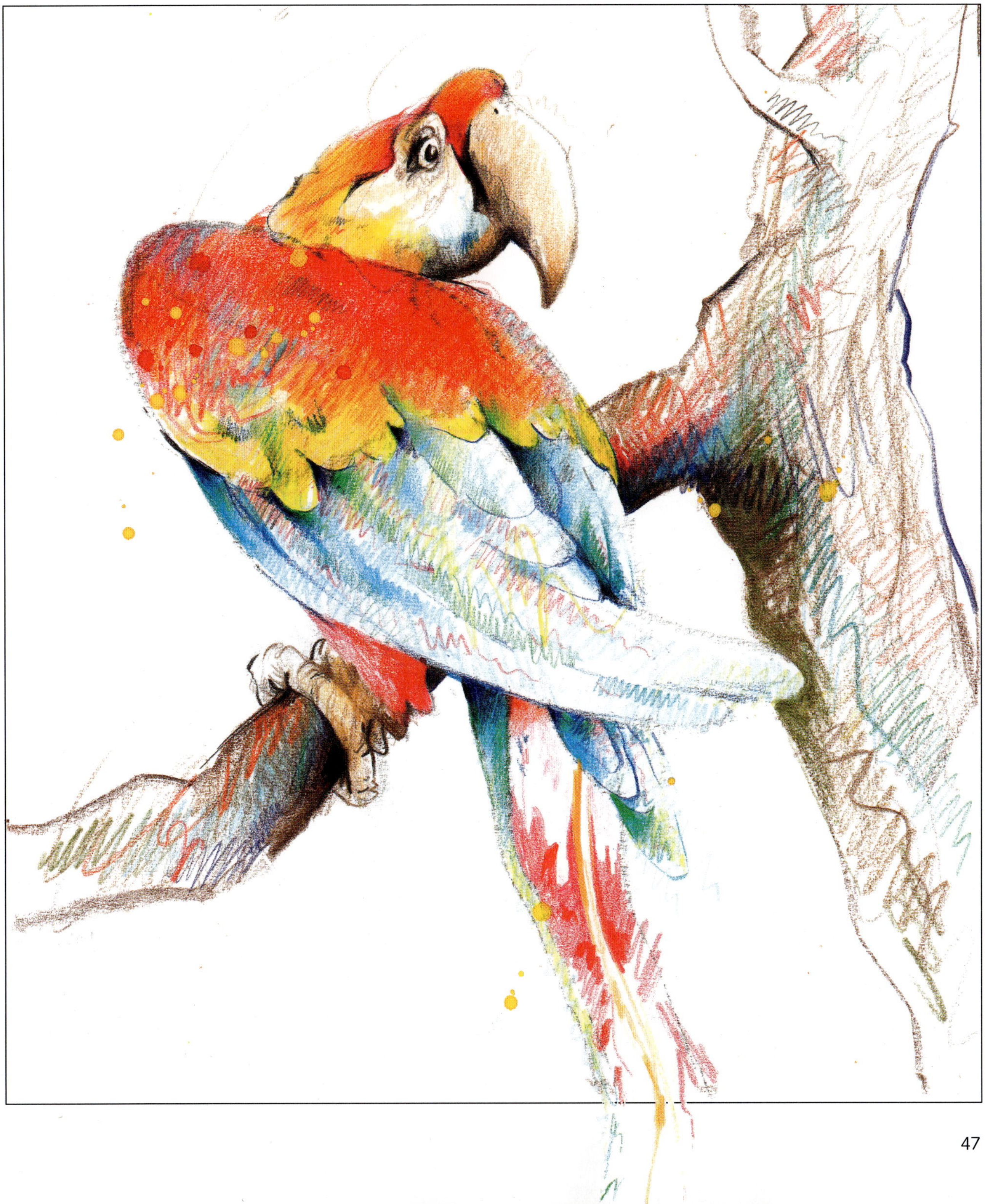

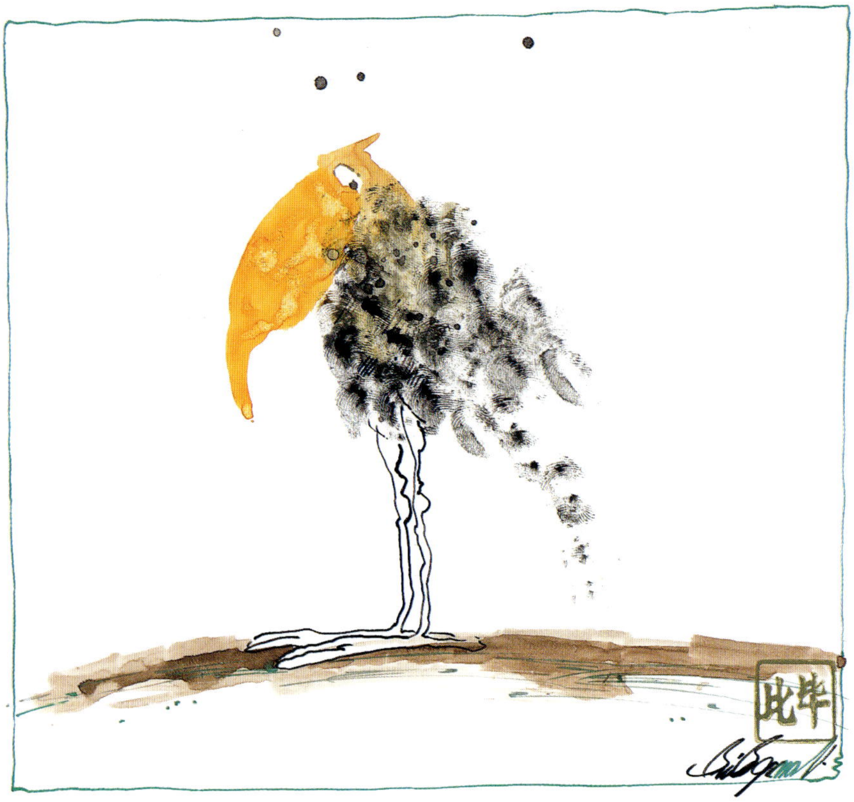

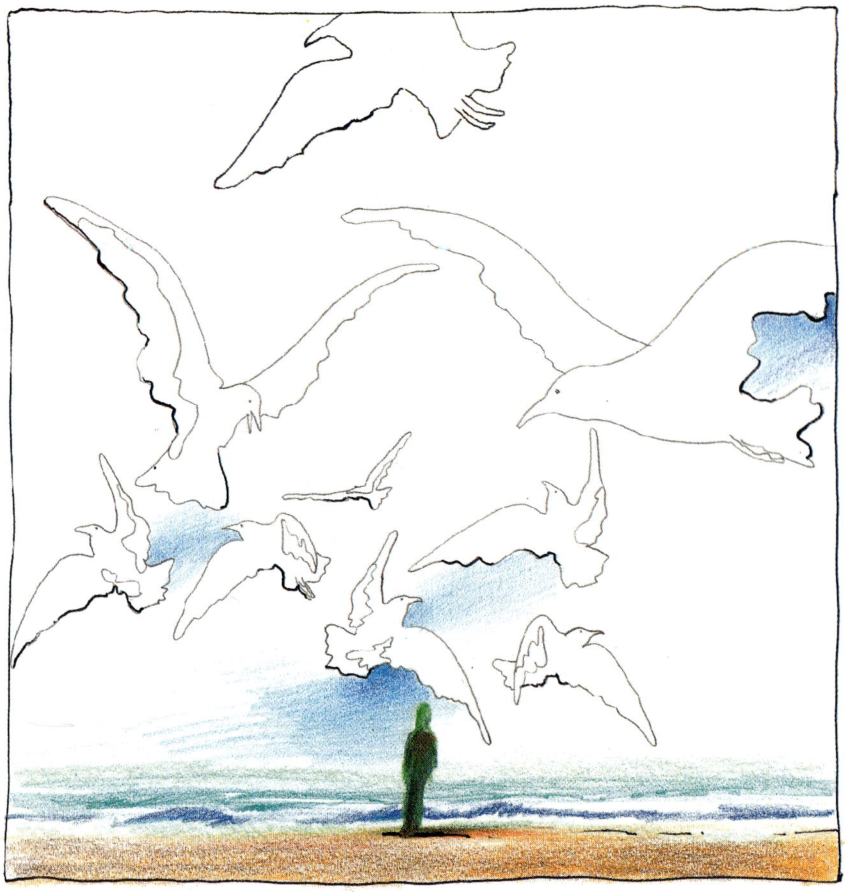

Kompositionen

Bisher haben wir uns überwiegend mit Materialien, Technik und dem Zeichnen von Tieren beschäftigt. Gehen wir nun noch einmal kurz zur allgemeinen Bildgestaltung zurück, bei der die Komposition eine große Rolle spielt.
Sie erinnern sich vielleicht noch, daß nicht nur die Zeichnung selber die Wirkung eines Bildes bestimmt, sondern auch die Aufteilung der Flächen die Aussage des Gezeichneten beeinflußt.
Sehen wir uns dazu einige Beispiele an. Im Bild oben links hatte ich Spaß am Experimentieren: Mit Aquarellfarbe, Fingerabdrücken und Federzeichnung entstand dieser Phantasievogel. Ich habe versucht, die Wirkung des ungewöhnlichen Tieres, die durch keine zusätzlichen Elemente gestört werden sollte, durch eine optimale Raumaufteilung noch zu steigern. Ganz bewußt steht der Vogel daher nicht genau in der Mitte, als Gegengewicht dienen der gemalte Boden und meine Signatur. Ich plane übrigens die Unterschrift immer als Teil meiner Komposition, sie soll dazugehören und darf keine störende Notwendigkeit sein.
Eine eher romantische Komposition ist der einsame Mensch, der von den Möwen umgeben ist. Mich hat es immer wieder fasziniert, daß sich auch in einem großen Vogelschwarm die Vögel während des Fluges nie berühren. Die Vögel bilden in ihren verschiedenen Flugstellungen einen interessanten Kontrast zu den Farben von Meer und Strand. Sie sind Zierelemente und Aussage zugleich.
Pastellkreiden auf farbigem Tonpapier prägen das Bild rechts. Diesmal ist der Hintergrund ausgearbeitet und der Vogel nur angedeutet, das heißt, daß den negativen Flächen des Bildes eine besondere Bedeutung zukommt. Welche Interpretation würden Sie für diese Komposition finden?

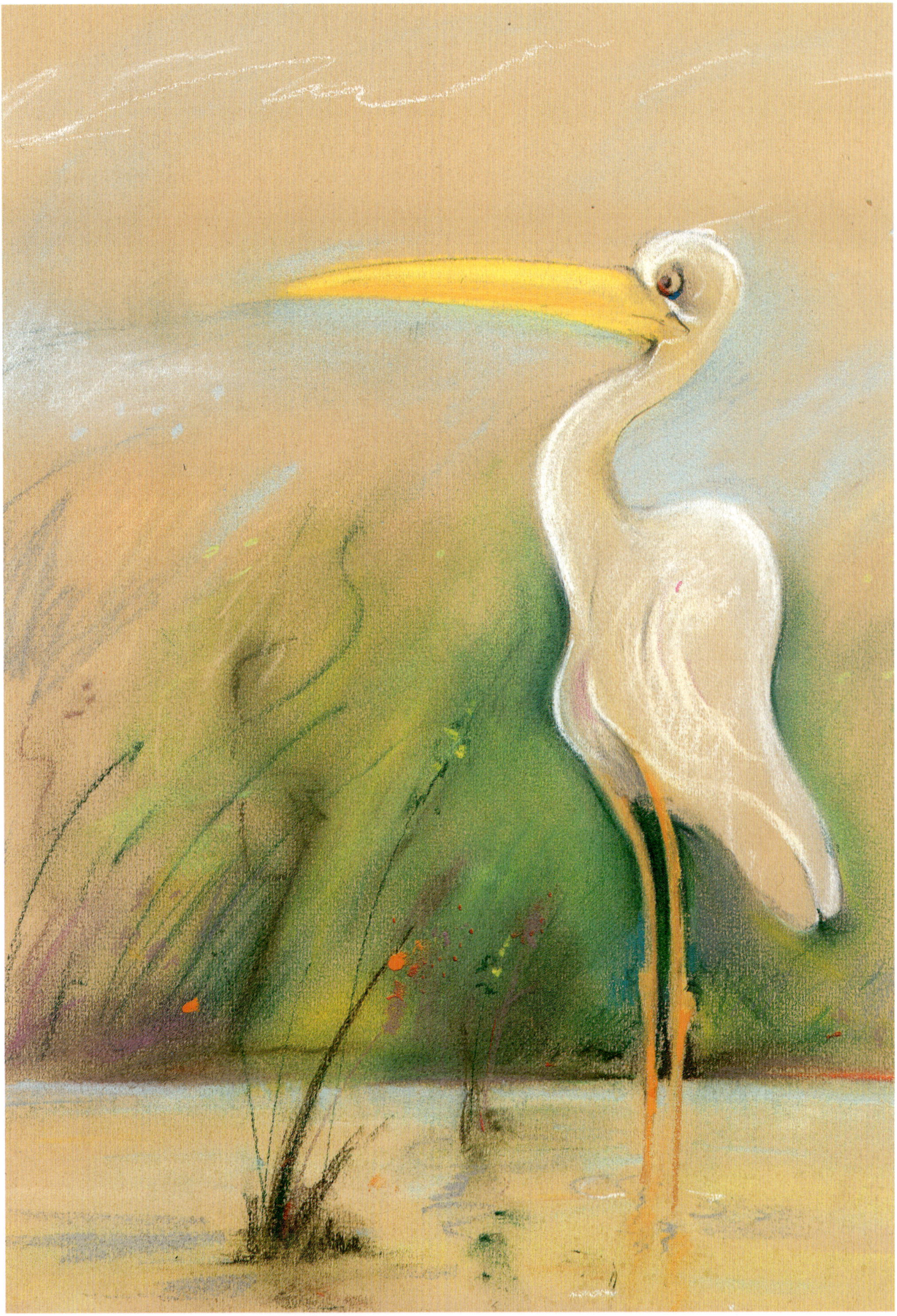

Tiere komisch

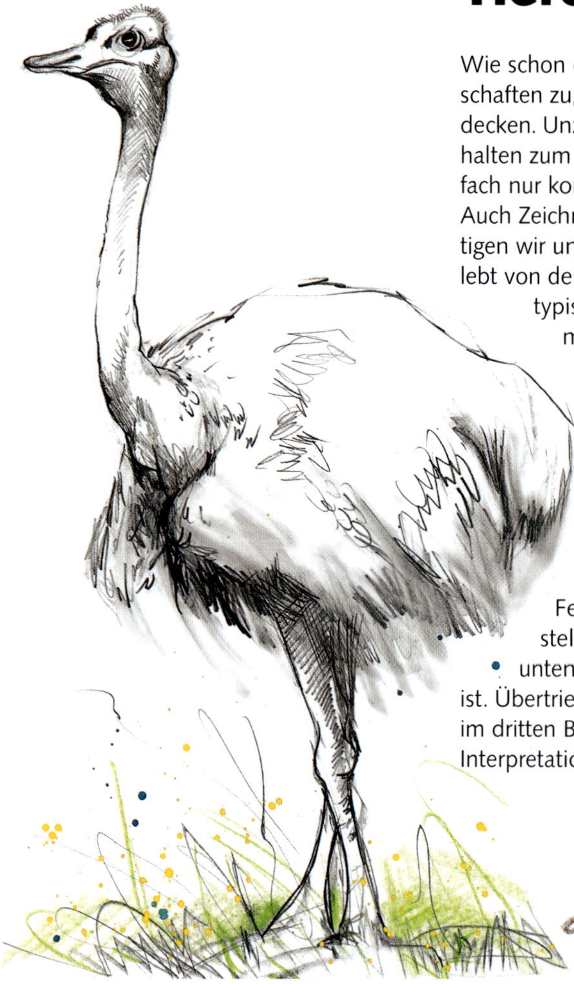

Wie schon erwähnt, schreiben wir Tieren bestimmte Eigenschaften zu, sobald wir menschenähnliche Züge an ihnen entdecken. Unzählige Tiergeschichten haben menschliches Verhalten zum Thema. Manchmal sind sie lehrreich, oft aber einfach nur komisch.
Auch Zeichnen muß nicht immer tierisch ernst sein – beschäftigen wir uns also ein bißchen mit der Karikatur. Die Karikatur lebt von der Vereinfachung bei gleichzeitiger Übertreibung typischer Merkmale. Um diese herauszufinden, muß man sein Objekt zunächst genau studieren.
Am besten sehen wir uns das an einem Beispiel an. Ausgangspunkt ist die Bleistiftzeichnung des Straußes (die weich wirkenden Federn unten sind mit Radiergummi herausgewischt). Typisch an diesem Tier ist der im Gegensatz zum Körper kleine Kopf und die langen, etwas dicken Beine mit den verhältnismäßig großen Füßen. Die Flügel sind sehr klein, was durch die buschigen Federn nicht so gut zu sehen ist. Reduziert dargestellt, sieht der Strauß dann aus wie in der Skizze unten links, die vereinfacht, aber noch nicht übertrieben ist. Übertrieben und ins Komische gezogen wird der Vogel erst im dritten Bild, wobei es sich natürlich um meine persönliche Interpretation handelt.

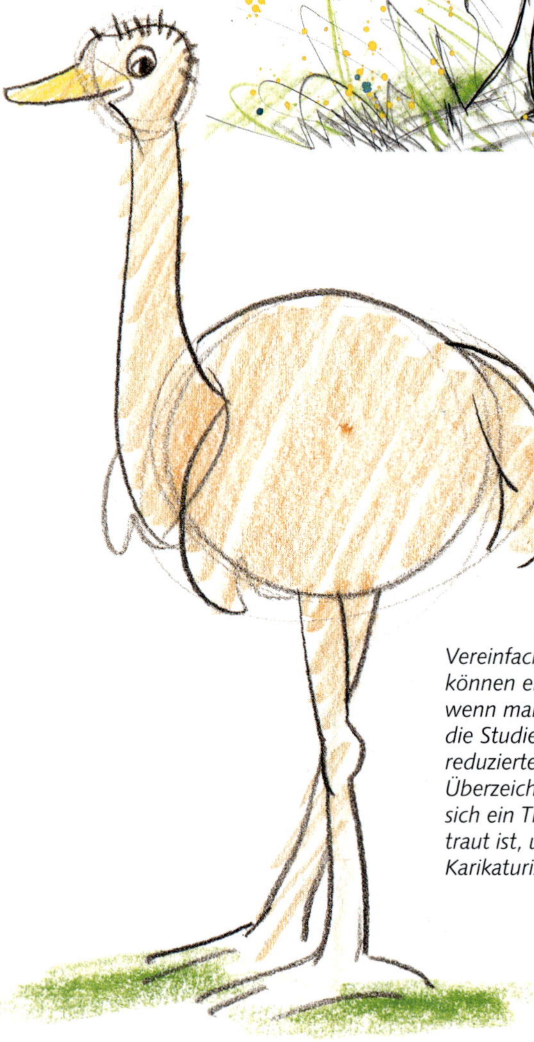

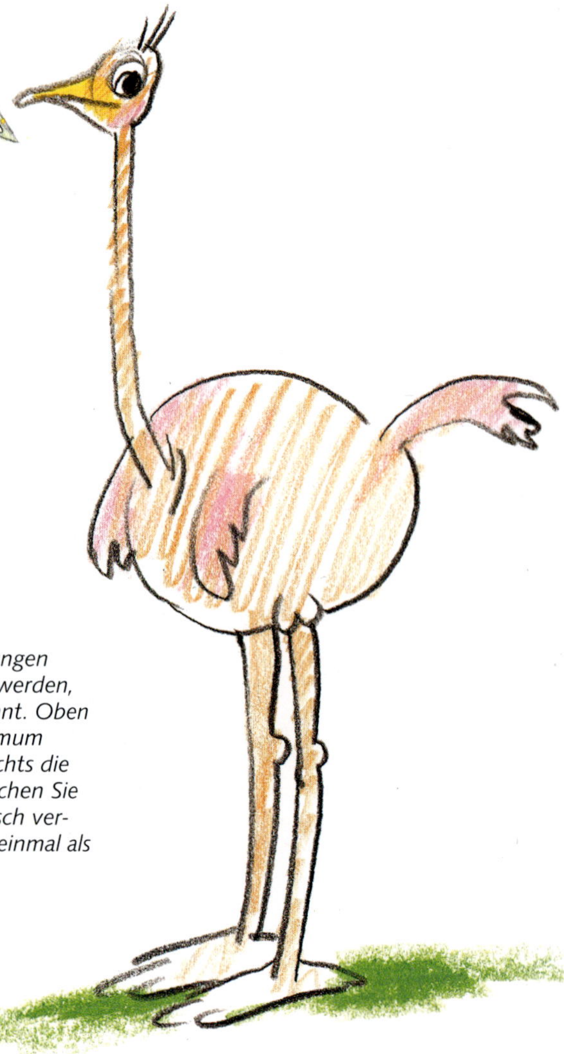

Vereinfachungen und Übertreibungen können erst treffend dargestellt werden, wenn man sein Motiv genau kennt. Oben die Studie, links die auf ein Minimum reduzierte Vereinfachung und rechts die Überzeichnung, die Karikatur. Suchen Sie sich ein Tier, das Ihnen zeichnerisch vertraut ist, und versuchen Sie sich einmal als Karikaturist.

Mit dem Strauß verbindet sich das bekannte „Kopf-in-den-Sand-Stecken", was allein schon zu allen möglichen komischen Darstellungen anregt.
Sehr wichtig für eine Karikatur sind natürlich Kopf und Gesichtsausdruck. Sie sehen unten den Weg von einem verhältnismäßig „normalen" Ausdruck über einen fröhlichen zu einem eher entsetzten. Immer bleibt die typische Kopfform erhalten, der Ausdruck entsteht überwiegend durch die Veränderung der den Lippen entsprechenden Schnabellinie.
Ebenfalls immer von Bedeutung sind Zeichenstil und die verwendeten Materialien. Der plumpe Körper des Straußes wird im Bild oben durch die durcheinandergeratenen Federn aufgelockert, unten durch den leichten Aquarelluntergrund, in den ich Strukturen hineingespritzt habe. Die Federn wurden mit spitzen Federstrichen gezeichnet.

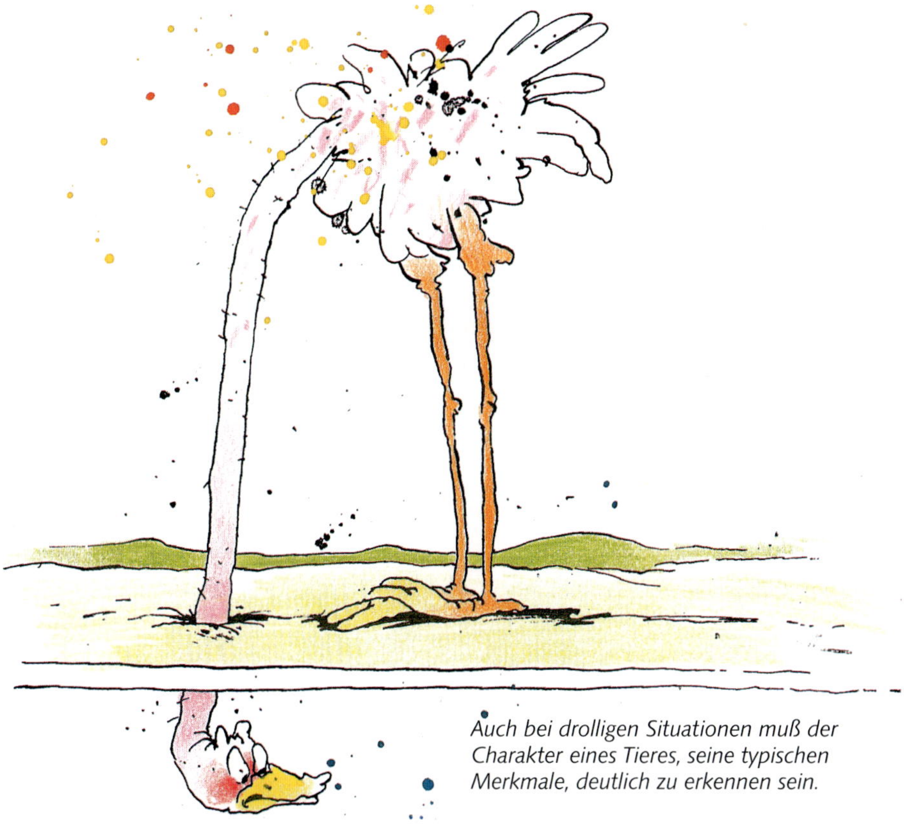

Auch bei drolligen Situationen muß der Charakter eines Tieres, seine typischen Merkmale, deutlich zu erkennen sein.

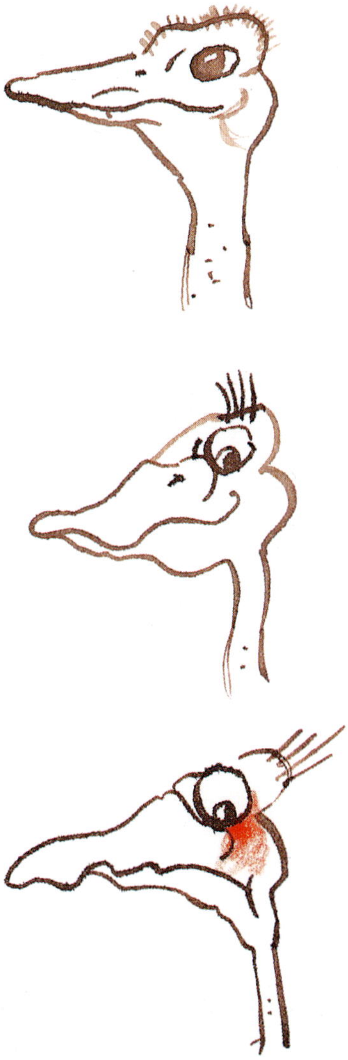

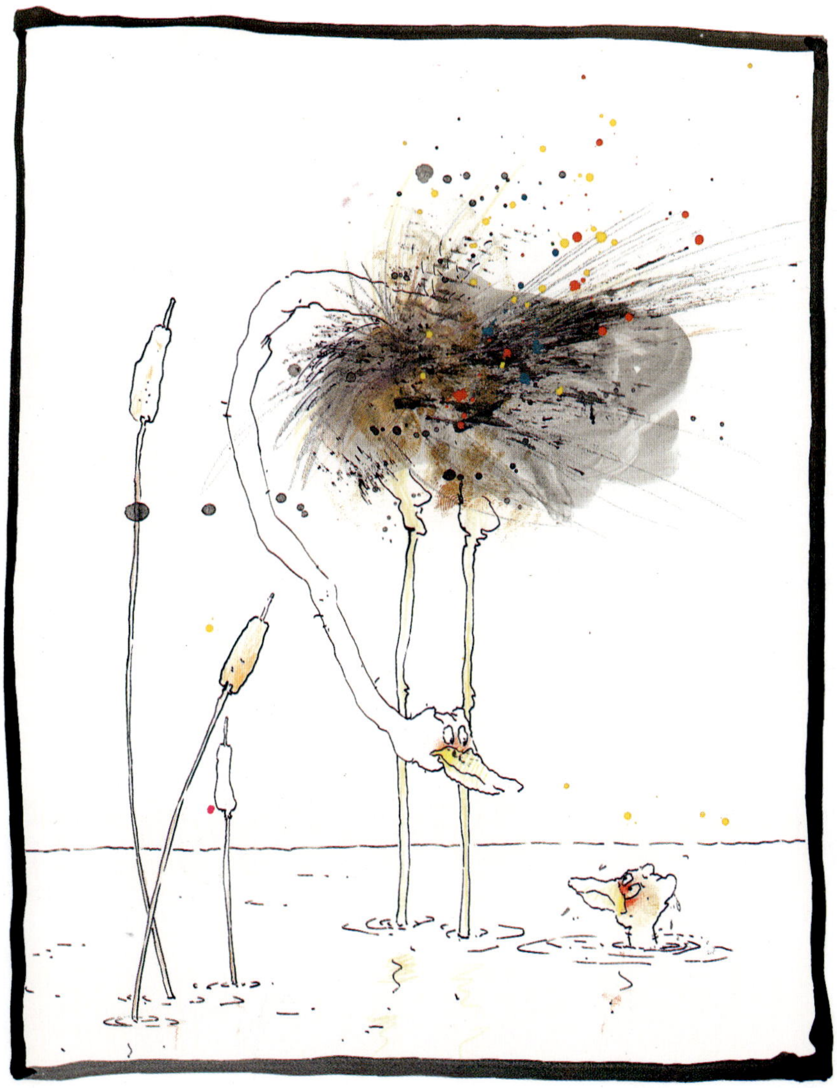

Zeichnungen erzählen Geschichten

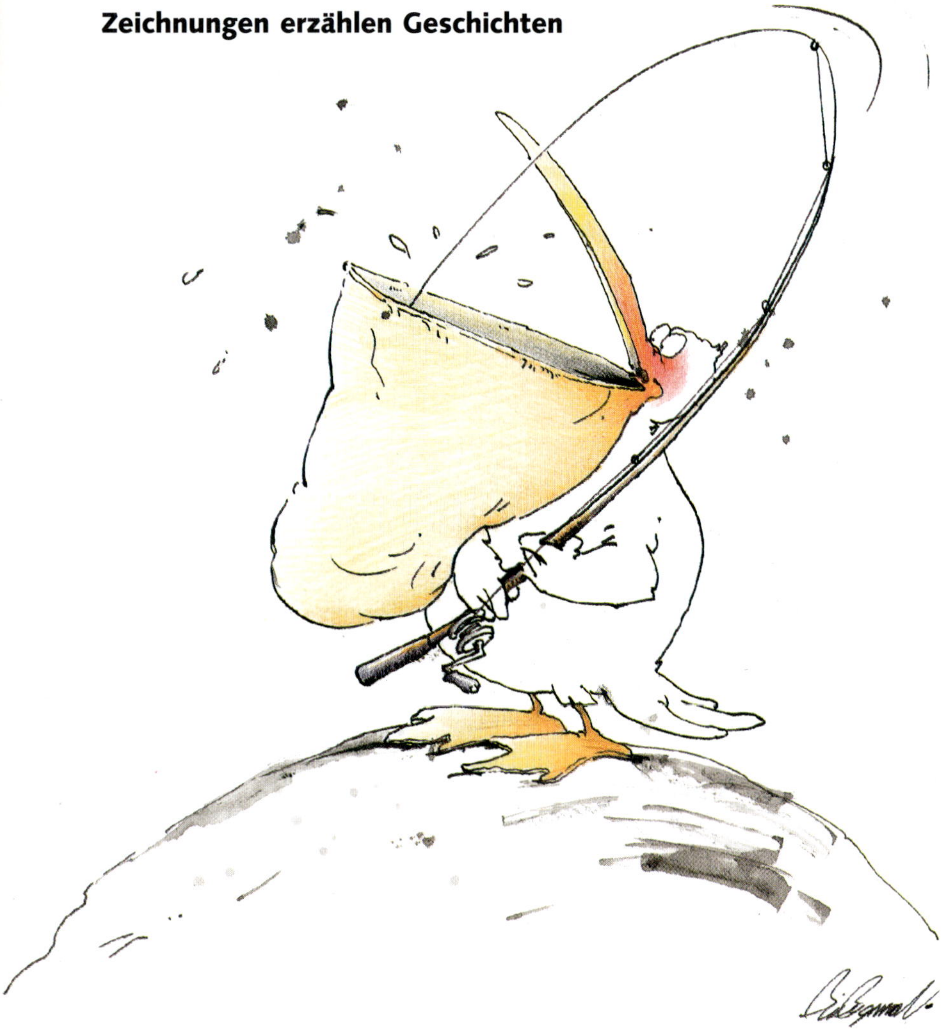

Die Menschen haben mit Tieren schon immer bestimmte Eigenschaften verbunden: so soll der Fuchs besonders schlau sein, das Kamel hochnäsig, aber tolpatschig, der Bär lieb und kuschelig, und das Schwein soll angeblich Glück bringen. Diese Verallgemeinerungen und Assoziationen von und mit den Tieren lassen sich natürlich hervorragend in Illustrationen, Cartoons und Comics einsetzen. Viele Zeichnungen benötigen so nicht einmal mehr Text, um die Aussage zu verdeutlichen. Die Geschichten und Vorstellungen, die wir mit den Tieren verbinden, reichen aus, und das Bild allein erzählt eine Geschichte.

Ich habe hier einige Beispiele herausgesucht, die diesen Effekt gut verdeutlichen: Das Mißgeschick des Pelikans läßt uns vielleicht an eigene mißlungene Angelausflüge denken. Der auf uns oft ungeschickt wirkende Pelikan wird so eingesetzt, um menschliche Verhaltensweisen zu karikieren, dabei ist der Pelikan eigentlich ein hervorragender Fischfänger.

In der Illustration mit dem malenden und zugleich musizierenden Bären spielt die Farbe eine wichtige Rolle, um die Aufmerksamkeit in die richtige Richtung zu lenken. Vielleicht würde mancher von uns auch gerne zwei Dinge gleichzeitig mit dieser Bärenruhe erledigen. Die Bildergeschichte mit der Schildkröte

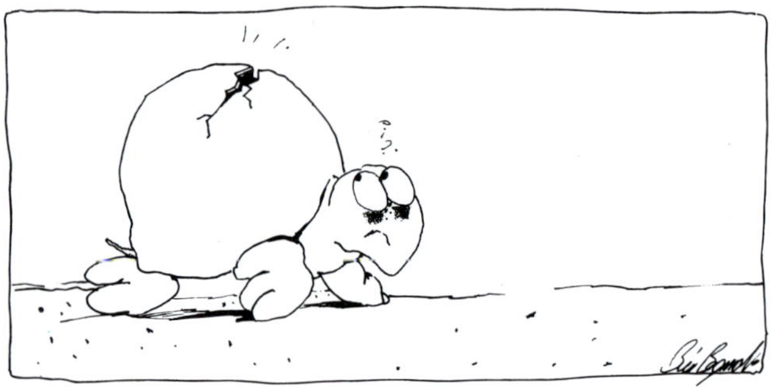

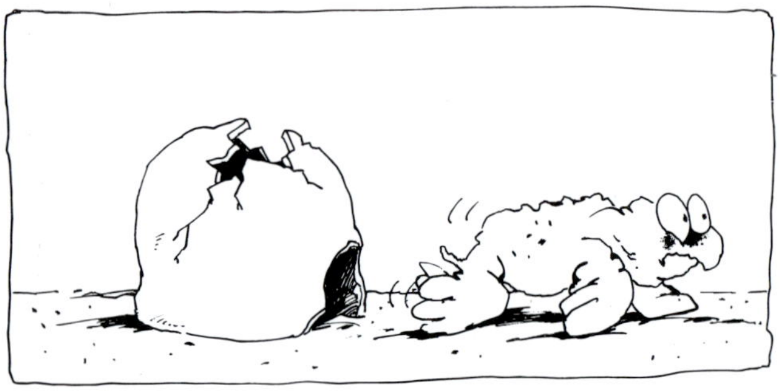

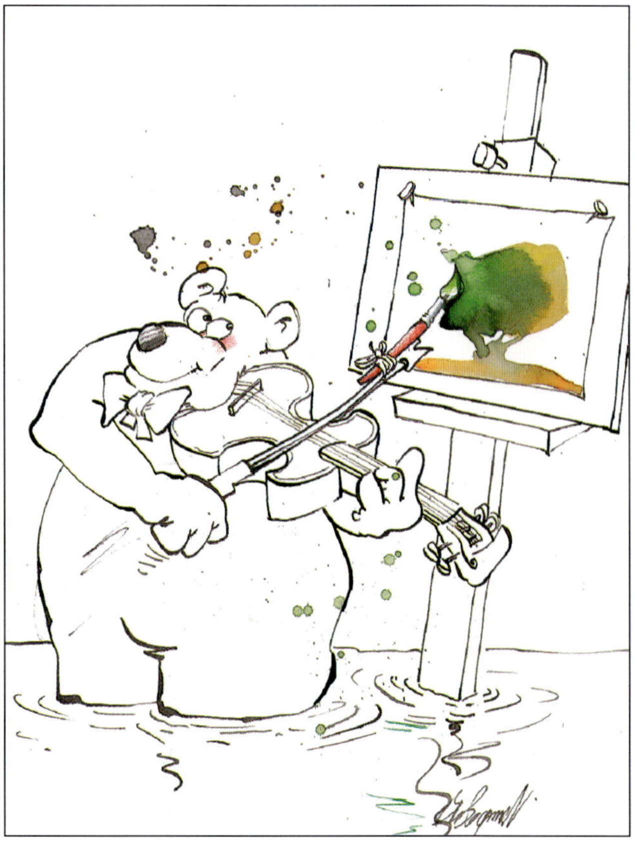

entstand als Umzugsmitteilung, als wir von einer alten in eine moderne Wohnung gezogen sind.
Immer wieder regen mich Fotos in Zeitschriften zu Karikaturen an. Manchmal greife ich auch nur Ausschnitte heraus, die ich in Collagen verarbeite. Schnäbel zum Beispiel lassen sich aus den ungewöhnlichsten (oder gewöhnlichsten) Dingen kreieren, ich habe schon eine ganze Sammlung, der Schlüsselvogel rechts ist einer davon.
Bei dem Glücksschwein unten habe ich vor allem auf eine fröhliche Ausstrahlung Wert gelegt, die durch die Farbgebung unterstützt wird. Beim Känguruh dagegen waren technische oder farbliche Ausarbeitung unwichtig, es zählte in erster Linie der Witz, das Schlüsselloch fürs „Kinderzimmer". Mehr war für die Aussage nicht notwendig.
Bei all diesen Beispielen sehen Sie, daß immer das Charakteristische eines Tieres erhalten bleibt, auch wenn es ins Komische gezogen wird.

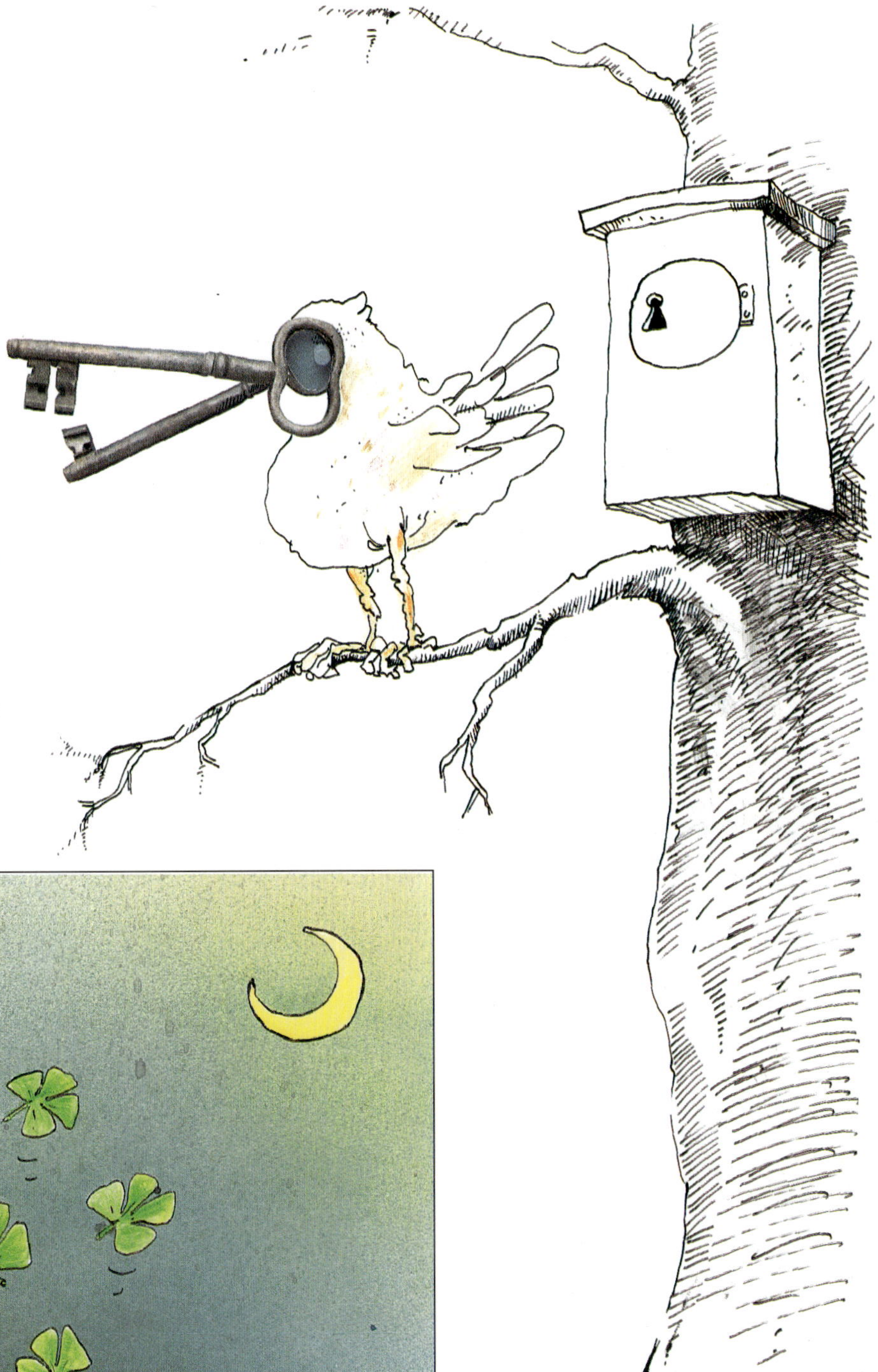

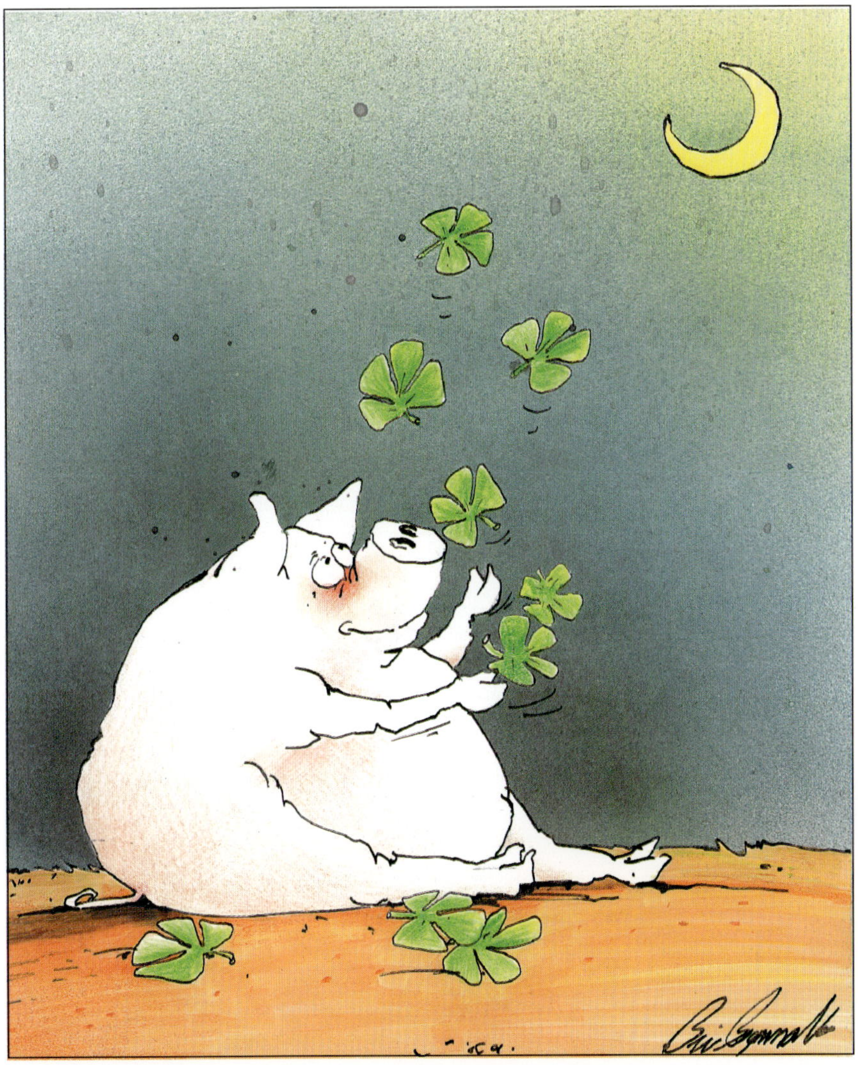

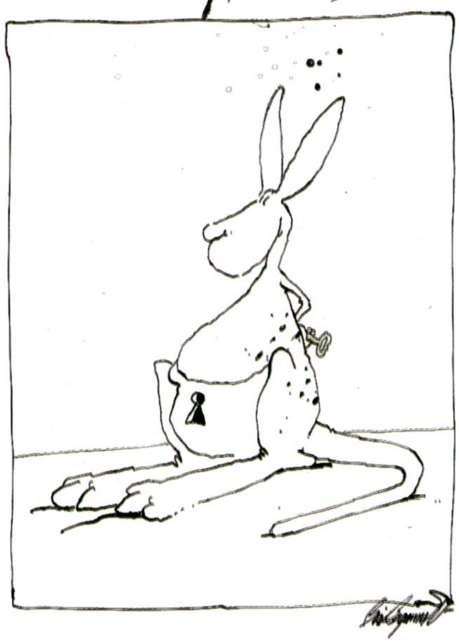

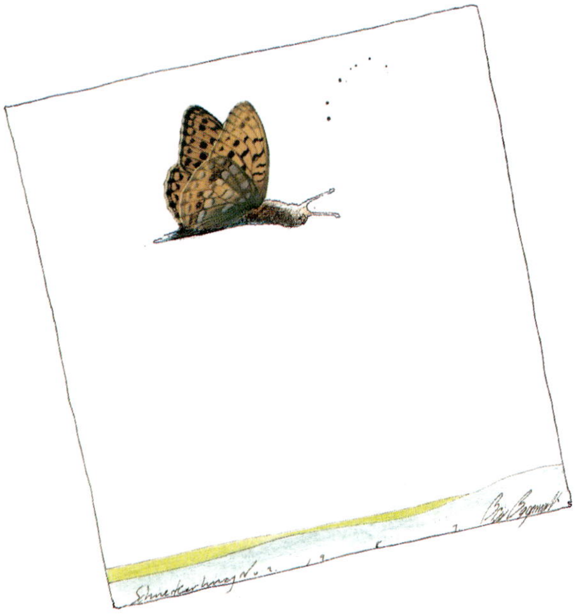

Phantastische Karikatur

Eine Karikatur kann auch über den einfachen Witz hinausgehen und mehr erzählen, als nur eine komische Bildergeschichte. Oft ist die Möglichkeit, Unmögliches auszudrücken, das Motiv für solch eine Arbeit. Situationen, Ereignisse, auch eigene Empfindungen zu bestimmten Themen lassen sich künstlerisch umsetzen. Wie eine Satire, die Ernstes heiter darbietet, kann auch die Zeichnung satirischer Art sein. Es ist eine wunderbare Möglichkeit, die Phantasie spielen zu lassen und auch einmal ungewöhnlichere Techniken auszuprobieren. Links eine kleine Collage mit einem „Schneckerling", unten der „Fliegenmann", mit Feder auf getöntes Papier gezeichnet und mit farbigen Kreiden koloriert, der Hintergrund ist gespritzt. Ebenfalls gespritzt wurde der Hintergrund des „Geschäftsmannes" rechts, die Feinheiten mit Airbrush, die Silberspritzer mit Hilfe einer Zahnbürste, die über ein Sieb gestrichen wurde. Die Bleistiftzeichnung selbst habe ich an Kopf und Schwanz mit Kreide koloriert, in die ich wiederum feine Linien gekratzt habe.

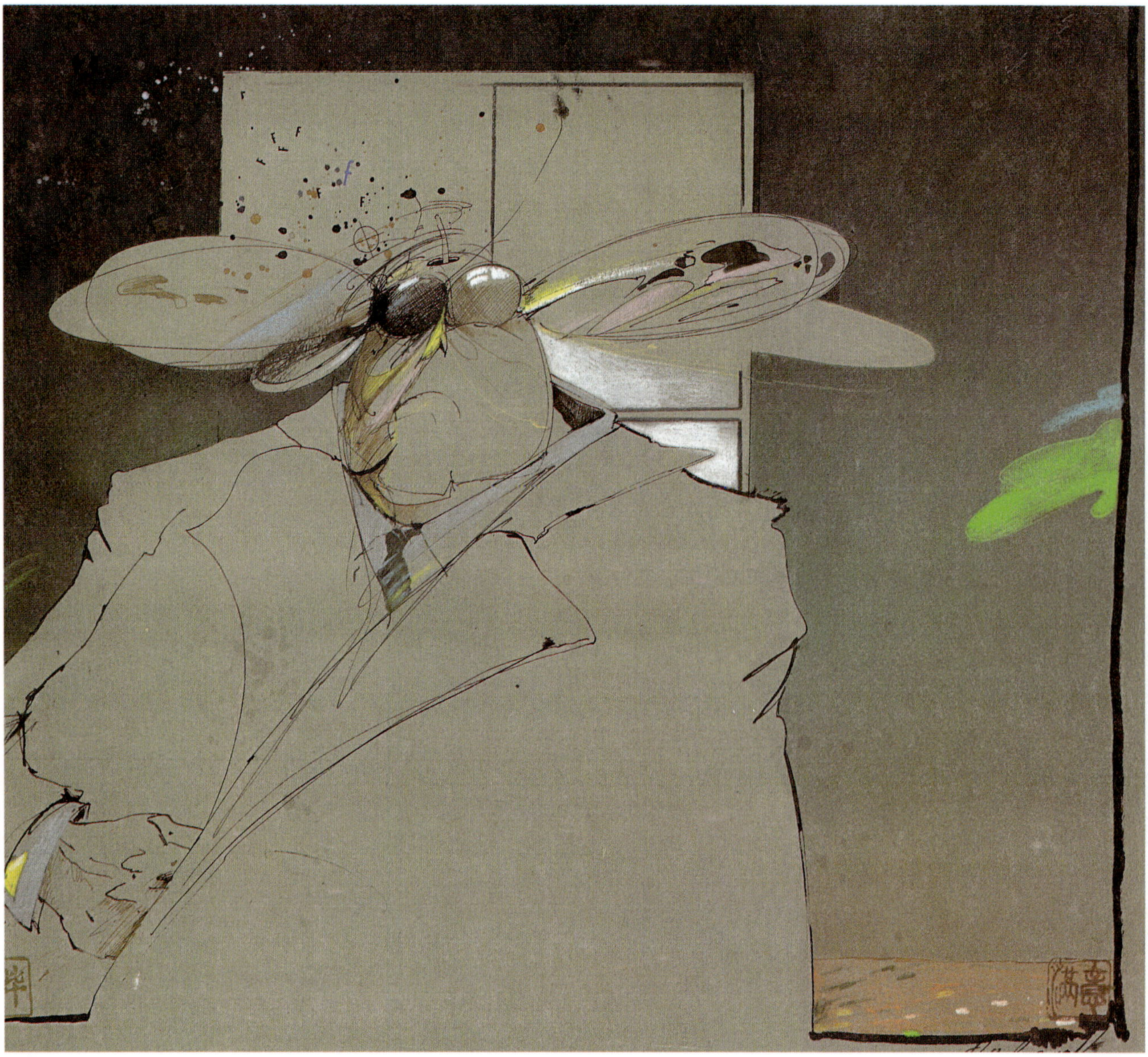

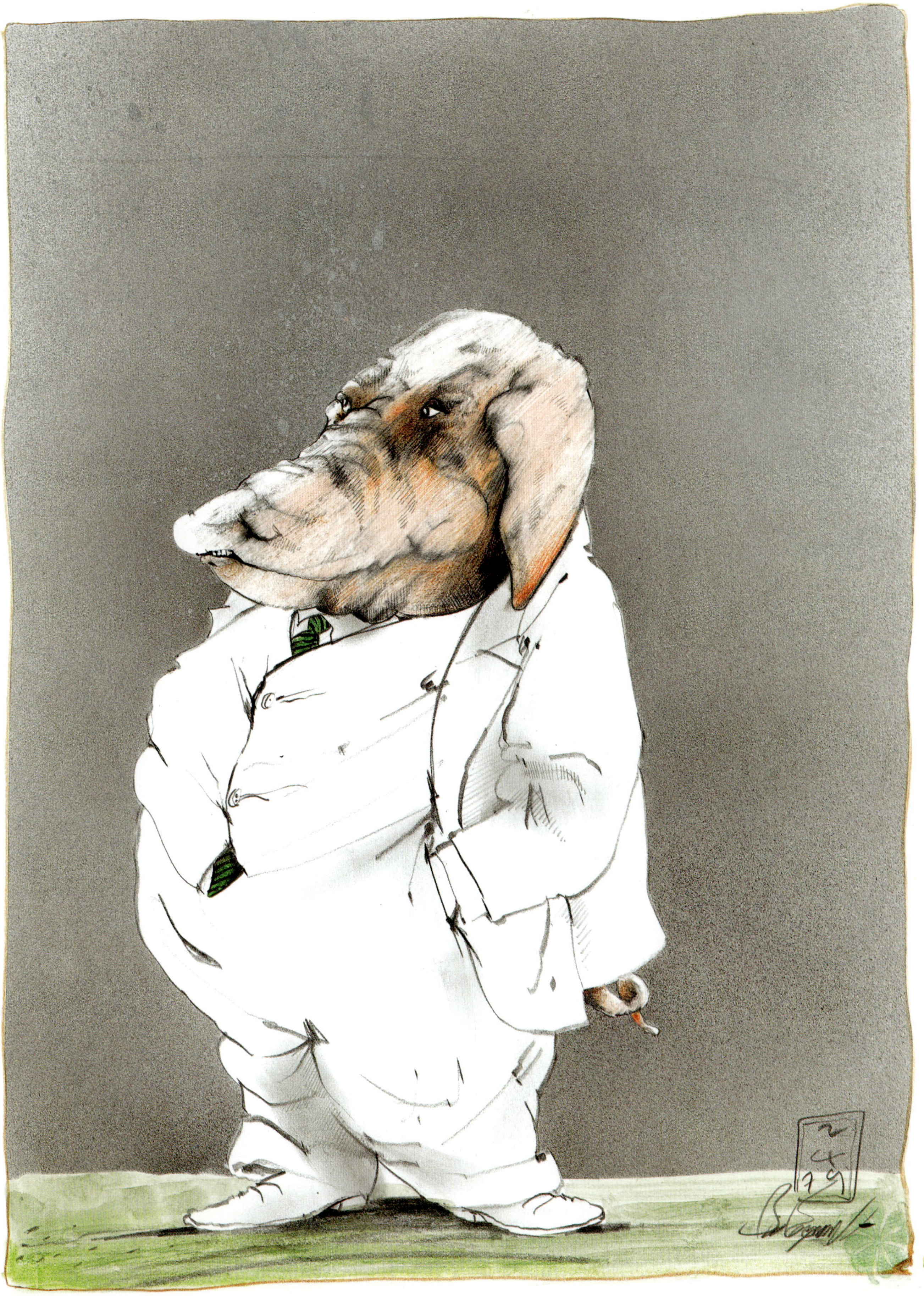

Wie es andere gemacht haben

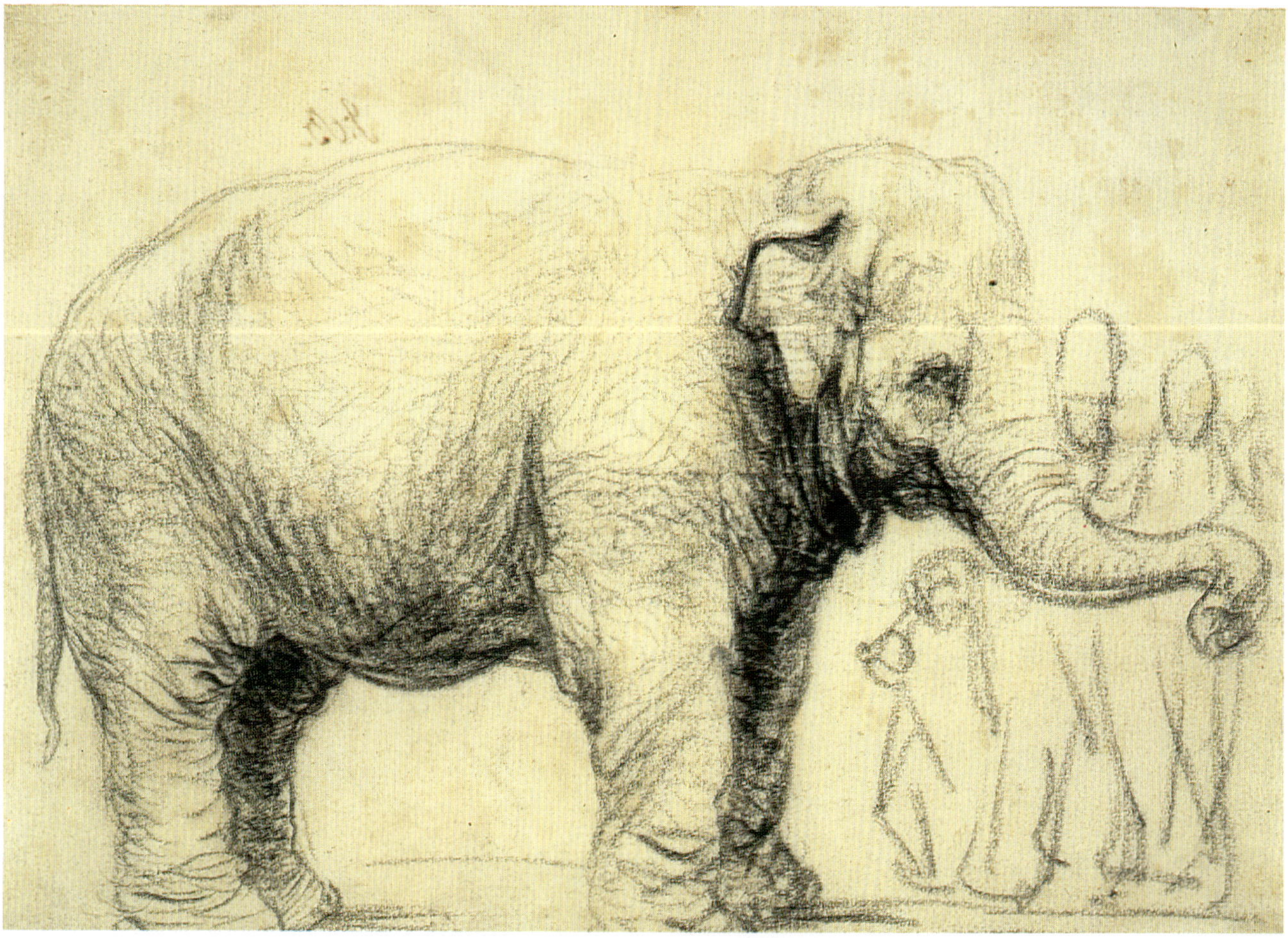

Rembrandt, Indischer Elefant

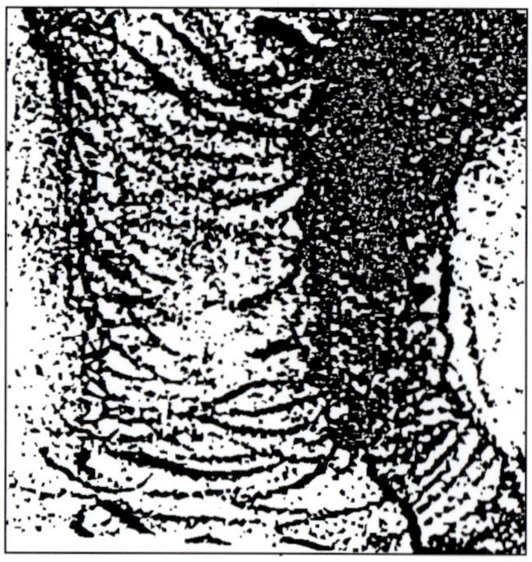

Rembrandt (Rembrandt Harmensz van Rijn) 1606–1669

Auch berühmte Maler zeichneten, skizzierten und studierten Formen und Ansichten mit dem Stift. Rembrandt war nicht nur ein einmaliger Maler, sondern auch ein begeisterter Zeichner. Schon früh hat er sich mit Ätzungen auseinandergesetzt und überflügelte bald seine Zeitgenossen in der Kunst der Radierung. Für diese Technik ist Zeichnen Voraussetzung. Die Skizze des Elefanten, ausgeführt in schwarzer Kreide, zeigt sehr gut, wie Rembrandt die Plastizität des Tieres formte: Seine Schraffur besteht nicht aus einer einfachen, flächigen Struktur mit hellen und dunklen Stellen, sondern er modelliert den Körper mit rund angelegten Linien. An dem vergrößerten Ausschnitt rechts können Sie das deutlich erkennen. Auch das Lederartige der Elefantenhaut wird durch die Kreidestruktur und Linienführung wiedergegeben.

In Grundformen aufgelöst, besteht auch der Elefant nur noch aus Kugeln und Zylindern. Die dort entstehenden Schatten formen den Körper und machen uns die Plastizität deutlich. Sehen Sie sich auch die Ohrenpartie an, die nur mit Linien durchgeformt worden ist.

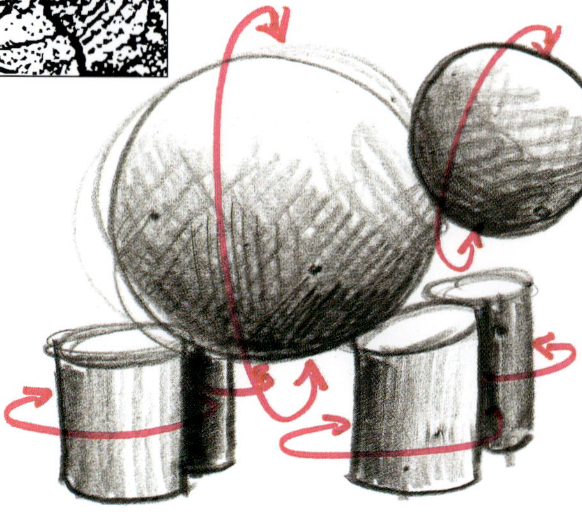

Katsushika Hokusai
1760–1849

Hokusai war ein bedeutender japanischer Holzschnittkünstler, der unzählige Romane, Erzählungen und Legenden illustrierte. Er schrieb auch selbst und zeichnete dazu. Berühmt sind seine Manga-Arbeiten, Skizzenbücher aus den Jahren 1812–1832 in der Technik des Punkt-Strich-Systems, das auch van Gogh faszinierte. Er hielt darin die Menschen und ihren Alltag fest. Die unterschiedlichen Dinge wurden mit Hilfe einfacher Striche und Punkte wiedergegeben: Eine kleine Pünktelung konnte Moos, Rauch oder Nebel gestalten, Striche standen unter anderem für Gras, Schilf und Stroh. Hokusai zeichnete auf weißem Japanpapier mit einer Lavierung aus Chinatusche und Wasserfarbe in lichtem Ocker. Die Ausdruckskraft der Pinselstriche zeigt sich besonders in der Intensität dieser Vögel, deren Bewegung und Form nur durch die Striche modelliert werden.

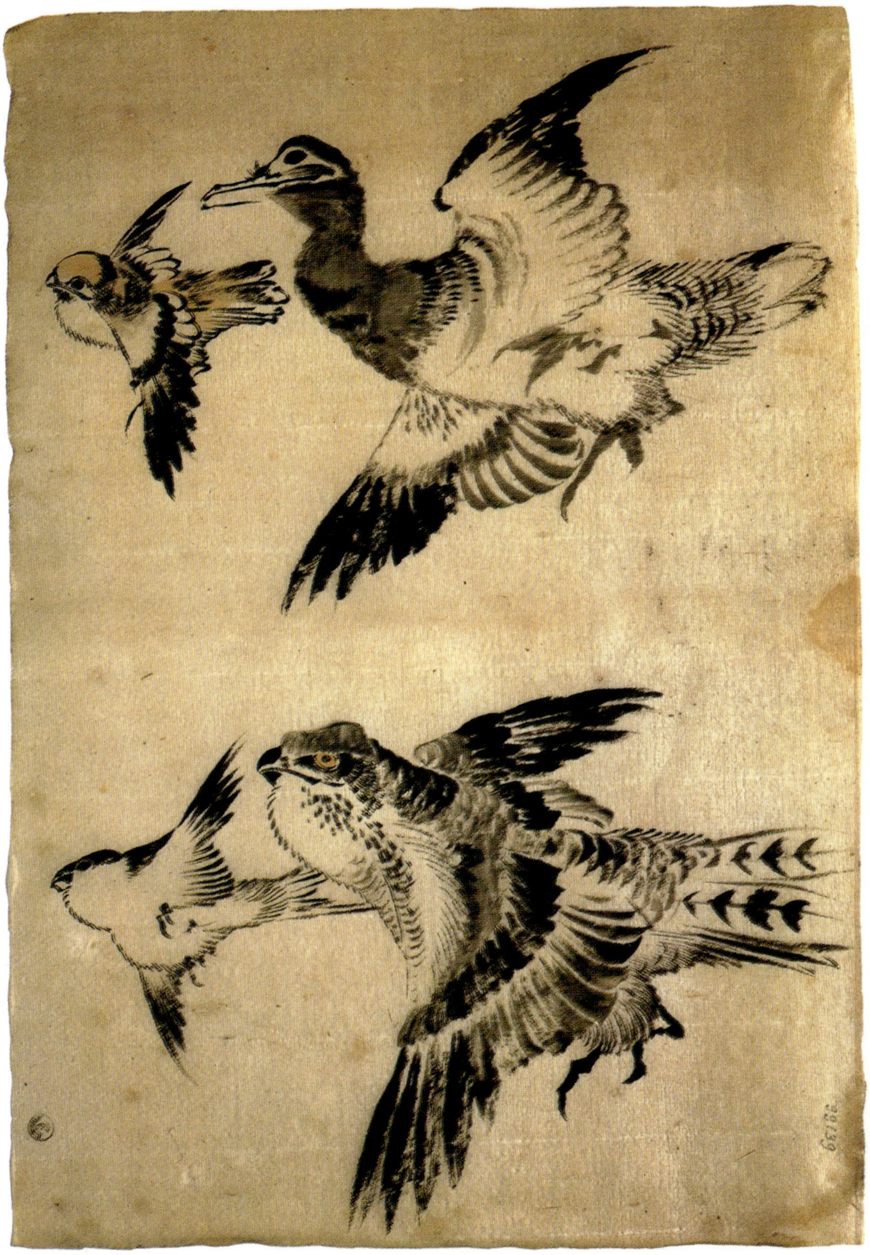

Hokusai, Vögel im Flug

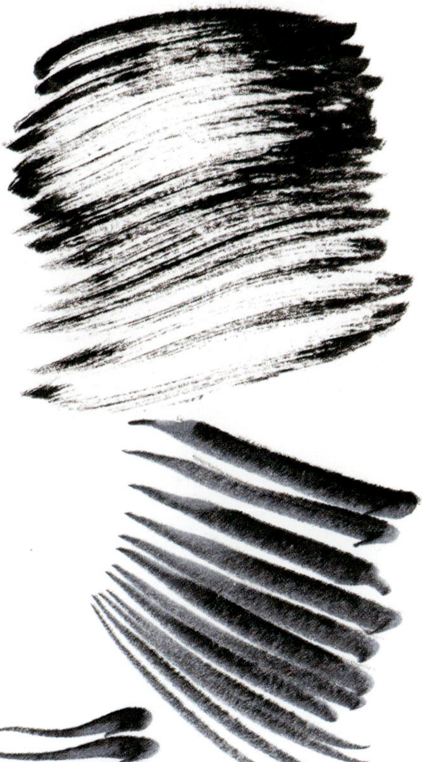

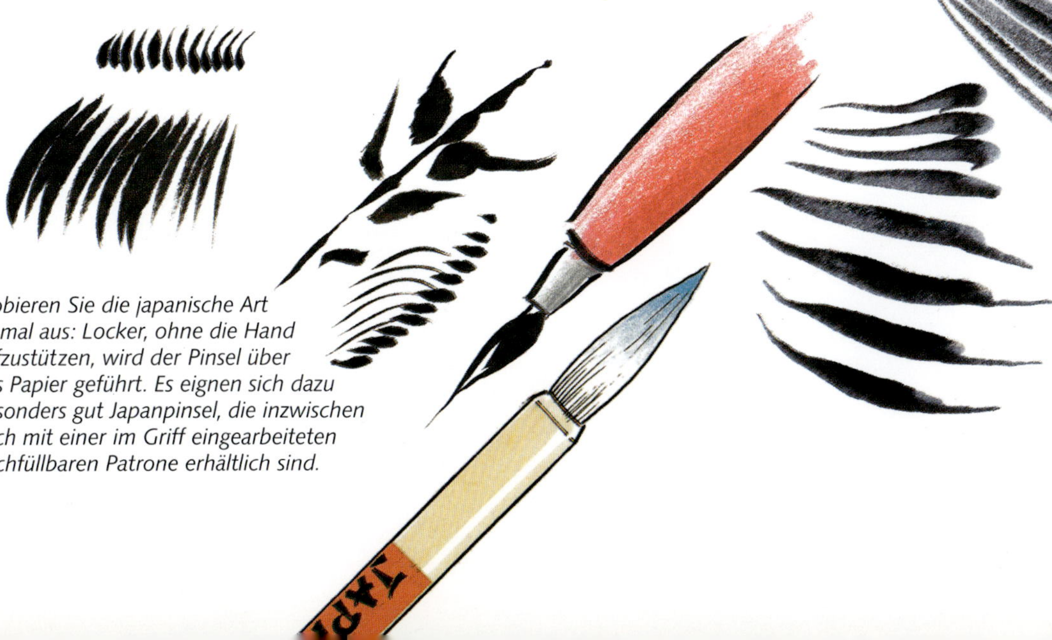

Probieren Sie die japanische Art einmal aus: Locker, ohne die Hand aufzustützen, wird der Pinsel über das Papier geführt. Es eignen sich dazu besonders gut Japanpinsel, die inzwischen auch mit einer im Griff eingearbeiteten nachfüllbaren Patrone erhältlich sind.

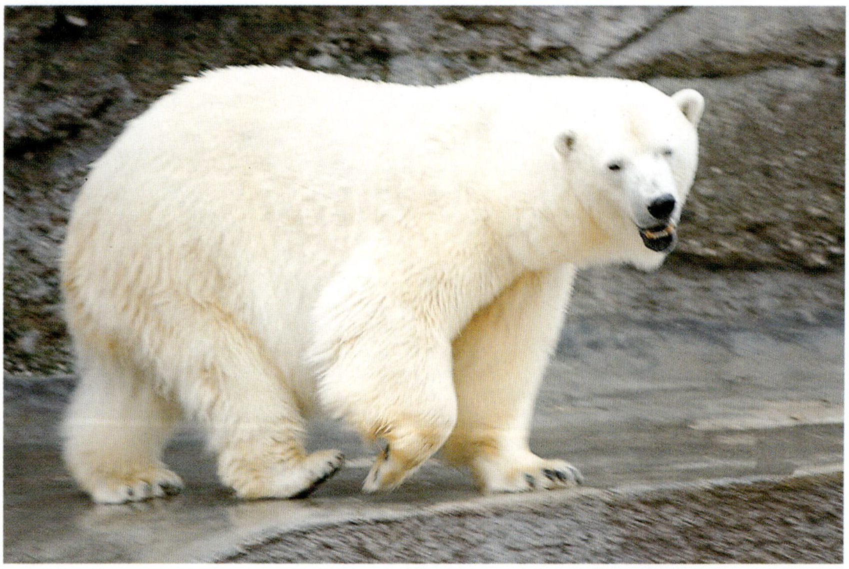

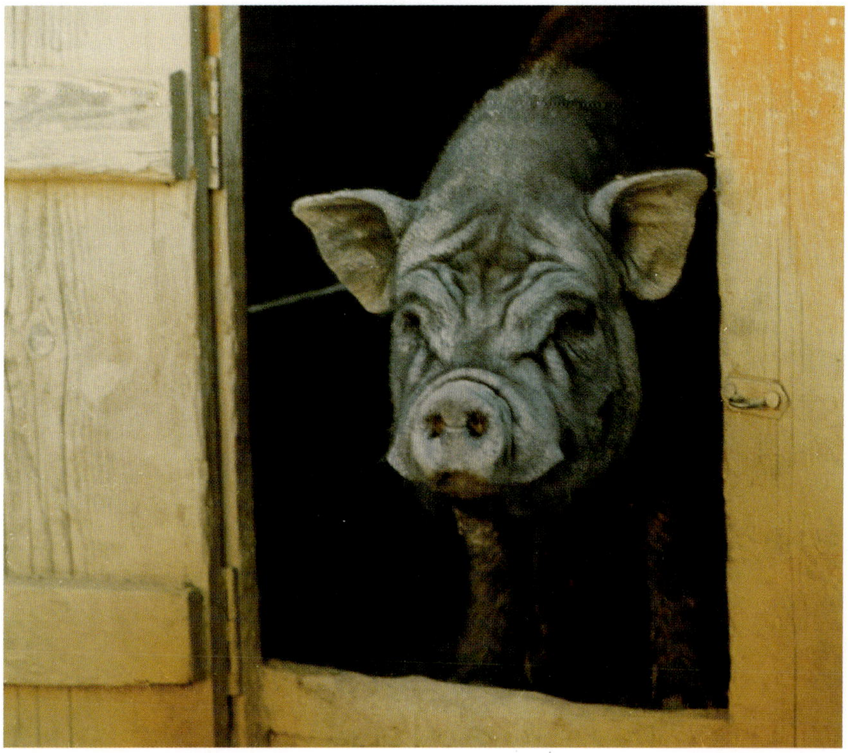

Übungen

Für phantasievolle und phantastische Zeichnungen verwende ich häufig Fotografien als Vorlage, die schon in sich verfremdet sind oder besonders auffällige oder witzige Eigenheiten besitzen. Beginnen wir bei dem Eisbären. Sieht er nicht aus, als würde er singen und dazu ein paar Tanzschritte machen? Versuchen Sie doch, daraus eine kleine Bildergeschichte zu entwickeln.
Das Schwein, das aus dem Verschlag schaut, sieht schon auf dem Foto wie ein Fabelwesen aus. Die Ohren könnten Flügel sein, die Falten würden auch einem außerirdischen Wesen stehen – beste Voraussetzungen für eine phantastische, ungewöhnliche Zeichnung. Fein verriebene Kreidestrukturen, hineingekratzte Härchen oder Farbstiftschraffuren könnte die passende Technik sein.
Manchmal finde ich auf Spaziergängen Überreste von kleinen Tieren, wie zum Beispiel Knochen oder Schädel, die von Ameisen oder dem Wetter saubergeputzt worden sind. Ein Vogelschädel mit Schnabel war Vorgabe für die Zeichnung unten. Ich habe zuerst in verschiedenen Skizzen den Schädel studiert, habe ihm dann aber doch wieder ein Gesicht gegeben. Das Auge wurde mit einem Kinderstempel eingestempelt, den Schnabel habe ich mit Ölkreiden gefärbt.
Bleiben Sie offen für alles, was Sie sehen, und lassen Sie sich auch von unscheinbaren Dingen anregen. Es müssen ja keine Skelette sein, auch Wurzeln oder Aststücke können anregende Formen haben.

Fotos können Anregungen für phantastische Zeichnungen sein, weil sie oft schon eine besondere Aussage, ungewöhnliche Farben oder andere Verfremdungen aufweisen. Mit ein bißchen Phantasie können Sie die erstaunlichsten Ergebnisse erzielen – versuchen Sie es!

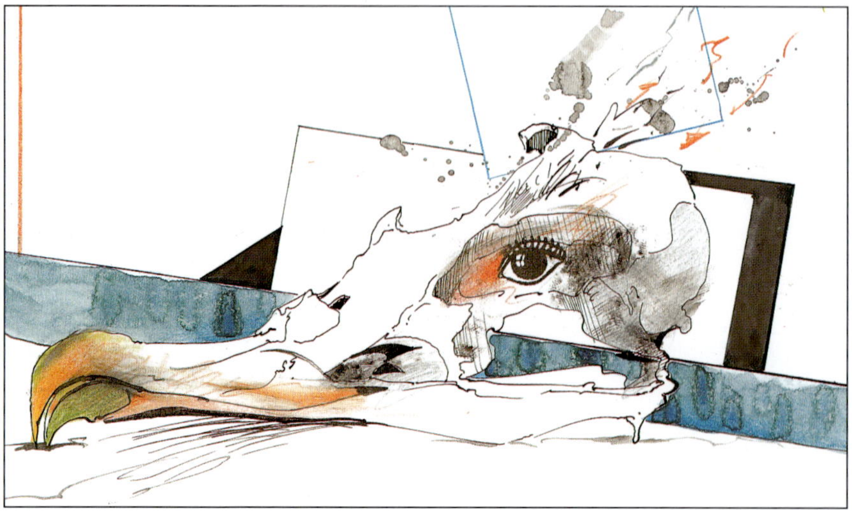

Käfige

Bei Studien im Zoo sind zweifellos die Käfige oft eine störende Sache, und man wird sie meistens zu ignorieren versuchen. Doch Gitterstäbe, Zäune oder Maschendraht lassen sich auch bewußt als Gestaltungselement oder zur Bekräftigung einer Bildaussage einsetzen. Man könnte zum Beispiel durch Gitterstäbe eine grafische Aufteilung des Bildes verstärken oder mit ein paar Zaunpfählen eine strenge Komposition auflockern.
Ich möchte Ihnen zeigen, wie sich eine Bildaussage dadurch verändern kann: Der kleine Braunbär auf dem Bild oben (Tusche und Kreide auf Packpapier) hat es ganz gemütlich, er wirkt irgendwie zufrieden und beobachtet seine Umgebung.
Darunter aber scheint der gleiche Bär nun ängstlich und gefangen, dominiert der Maschendraht. Der Bär wirkt plötzlich traurig und einsam.

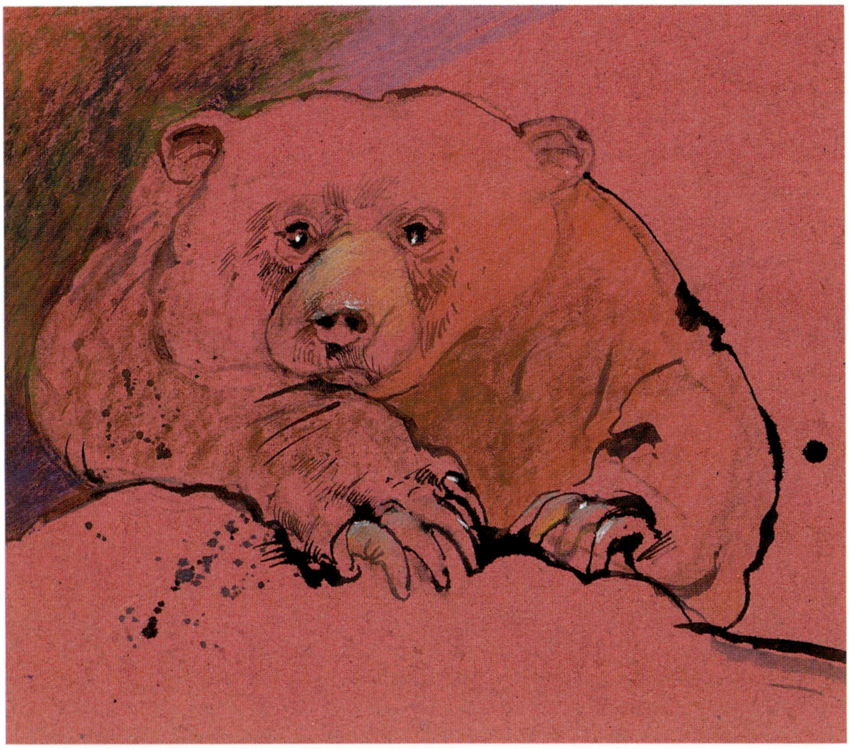

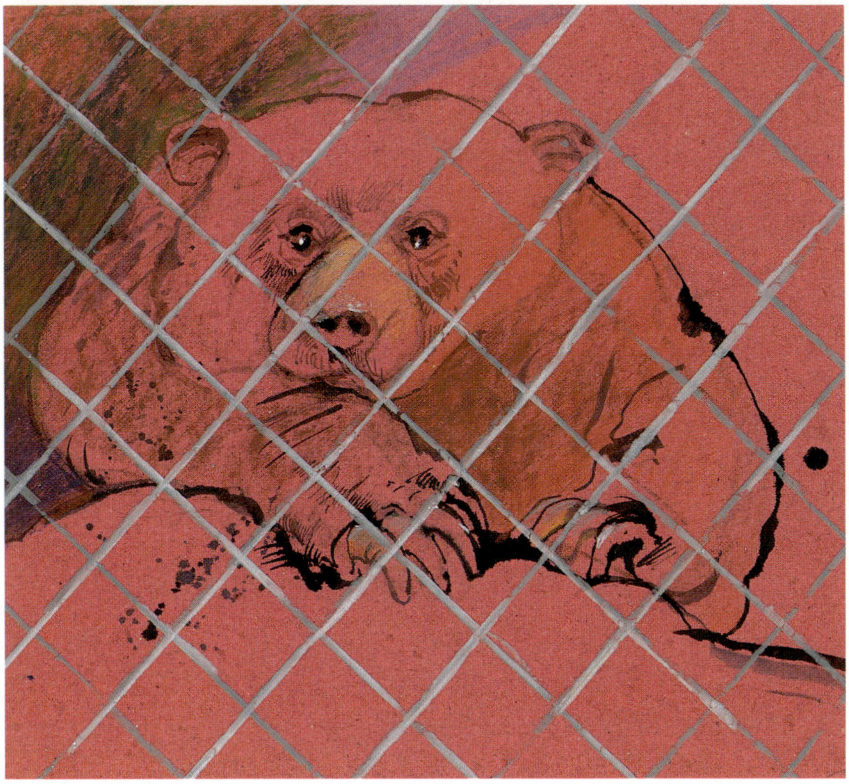

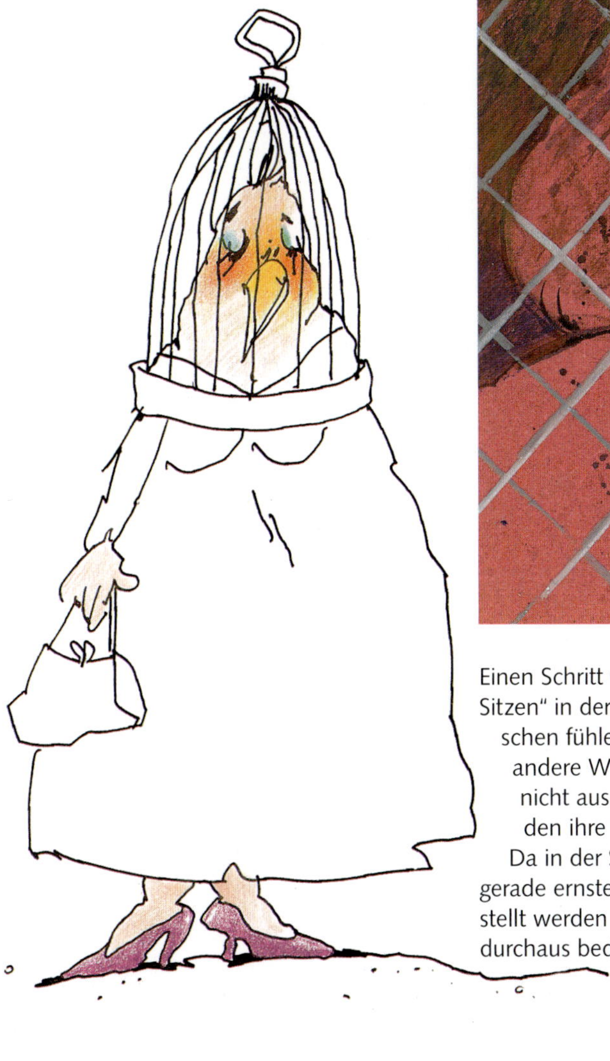

Einen Schritt weiter geht das „Im-Käfig-Sitzen" in der Karikatur links. Viele Menschen fühlen sich auf die eine oder andere Weise eingesperrt, kommen nicht aus sich heraus oder empfinden ihre Umwelt als Gefängnis.
Da in der Satire und in der Karikatur gerade ernste Themen komisch dargestellt werden können, hat der Käfig eine durchaus bedeutsame Funktion: die Frau, eingesperrt in Vorurteile, im Gefängnis vorgeschriebener Schönheit, das „dumme Huhn", das nicht entkommen kann? Die Zeichnung überläßt es dem Betrachter, seine eigene Interpretation zu finden.

Aufbewahrung und „Resteverwertung“

Wer viel skizziert, bekommt zwangsläufig eine stattliche Anzahl von Arbeiten und weiß unter Umständen schon bald nicht mehr so recht, wohin damit. Wegwerfen ist nur bei wirklich mißlungenen Arbeiten sinnvoll, denn oft sind die Studien und die dabei gewonnenen Erkenntnisse wichtiger als die Qualität der Zeichnung. Die einfachste Art der Aufbewahrung sind Mappen, die es aus Pappe oder Plastik in allen Größen zu kaufen gibt. Darin lassen sich Zeichnungen trocken und vor allem glatt aufbewahren, die Mappen nehmen nicht viel Platz weg, da man sie senkrecht an die Wand oder in irgendwelche Zwischenräume bei Schränken stellen kann. Aufwendiger, bei einer großen Menge von Zeichnungen aber irgendwann sinnvoll, sind Papierschränke. Diese Schränke bestehen aus mehreren sehr flachen Schubladen, in die man die Arbeiten legen kann. Es gibt sie in DIN-Größen und verschiedenen Höhen im Fachgeschäft (Grafiker- oder Bürobedarf).
Manchmal finde ich aber unter den Skizzen, die ich eigentlich nicht mehr brauche, kleine Details, die mir gefallen und die ich doch behalten möchte. Es macht mir großen Spaß, solche Reste zusammen mit neuen kleinen Einfällen zu einer großen Collage zusammenzusetzen. Natürlich gehe ich dann noch einmal mit verschiedenen Farben darüber, um dem Ganzen einen einheitlichen Charakter zu geben. Auch aus den angefangenen Phantasietieren unten ließe sich noch einiges machen – fällt Ihnen etwas dazu ein?

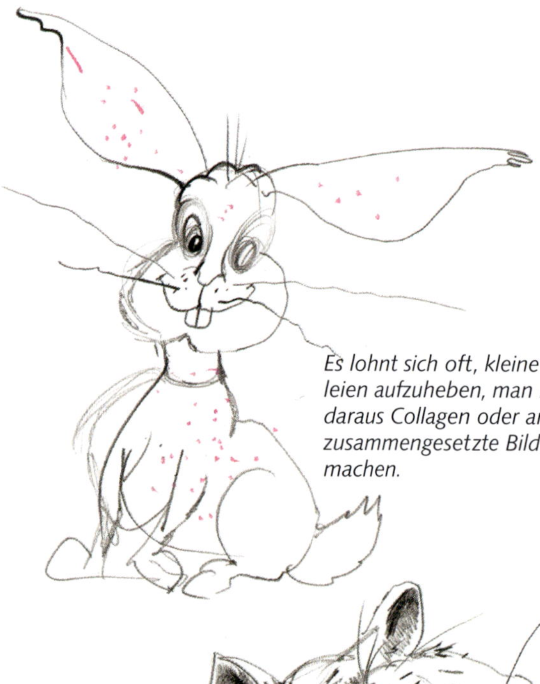

Es lohnt sich oft, kleine Kritzeleien aufzuheben, man kann daraus Collagen oder andere zusammengesetzte Bilder machen.

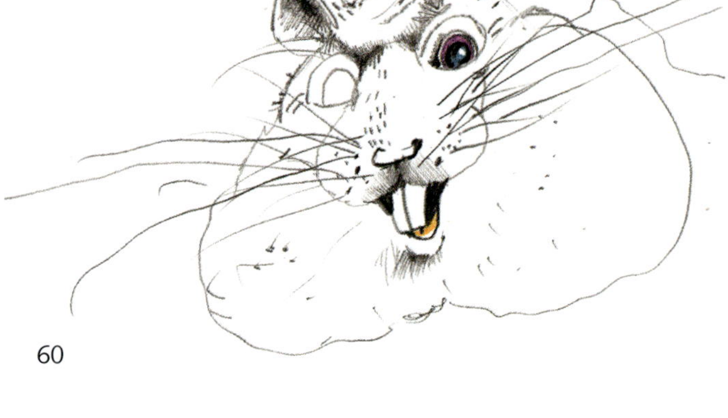

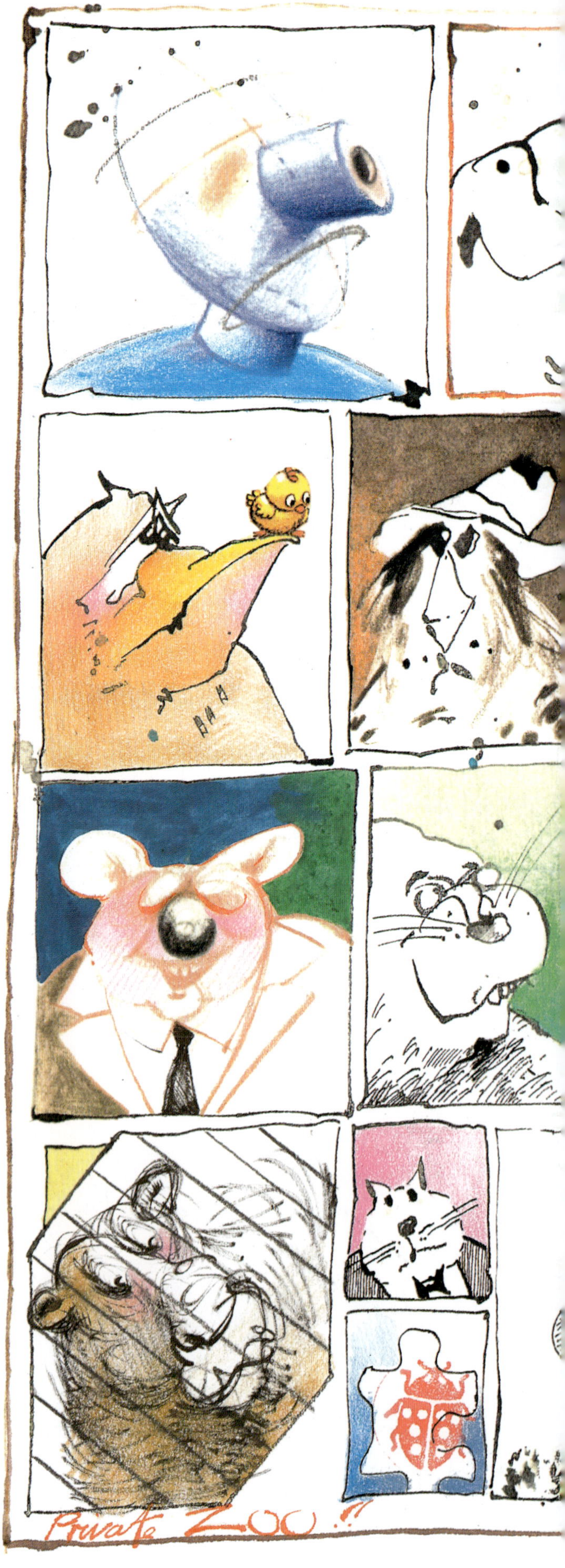

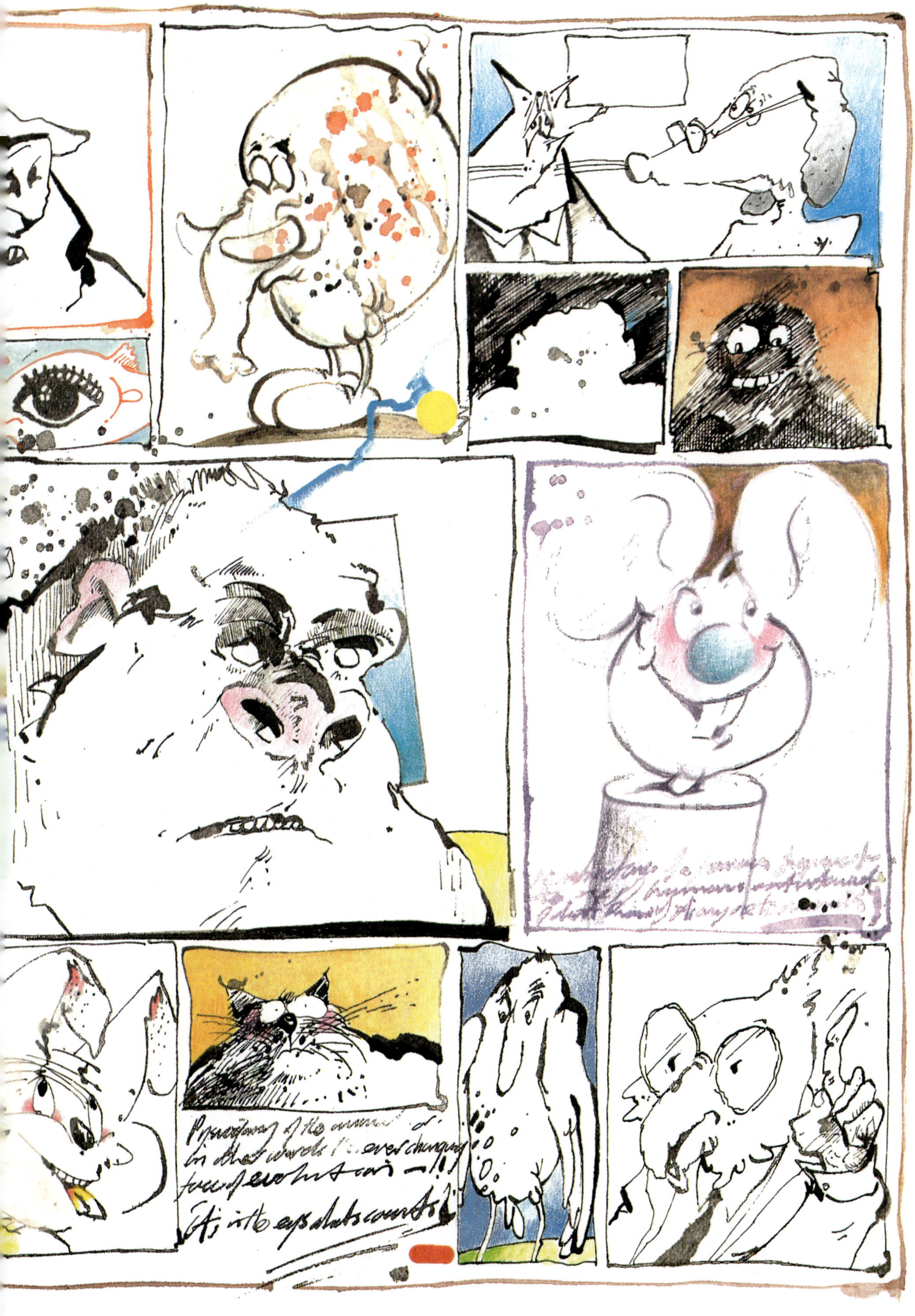

Glossar

Bleistift:
Der Bleistift setzt sich zusammen aus einer Graphitmine und einem Holzmantel, am besten geeignet ist Zedernholz. Die Herstellung erfolgt heute in einem mehrstufigen industriellen Verfahren. Das Altertum und das Mittelalter kannten den Bleistift noch nicht, sondern arbeiteten mit Silberspitzen. Graphit wurde – noch in Rohform – zum ersten Mal um 1500 in England verwendet, und nur wenig später entwickelte man auch die ersten Holzmäntel.

Collage:
Ein Klebebild, bei dem das Motiv ganz oder teilweise aus verschiedenen Papierstücken, Textilien oder ähnlichen Materialien zusammengesetzt wird. In der Kunst haben sich besonders Picasso und Braque dieser Technik bedient und sie zu einer Kunstform entwickelt, die bis in den Surrealismus und Dadaismus hineinreicht.

Eigenschatten:
Jeder Körper besitzt einen Eigenschatten, der stets heller ist als der Schlagschatten. Dieser Eigenschatten gibt dem Gegenstand seine Form und Plastizität.

Holzschnitt:
Auf die glatte, polierte Oberfläche eines Holzstocks wird eine Vorzeichnung aufgetragen. Alle das Motiv umgebenden Flächen werden ausgeschnitten bzw. ausgekratzt, so daß zum Schluß das gewünschte Bild in Form von hochstehenden Stegen und Flächen im Holz zu sehen ist und dann gedruckt werden kann. Man spricht in diesem Fall auch von Hochdruck. Die Verbreitung des Holzschnitts begann in der zweiten Hälfte des 14. Jahrhunderts.

Japanpapier:
Auch Chinesisches Papier oder Chinapapier genannt. Es handelt sich um handgeschöpftes Papier aus Japan oder China, von seidenartiger Feinheit, das sich aber zugleich durch große Festigkeit und Dauerhaftigkeit auszeichnet. In Europa wird Japanpapier zwar imitiert, doch besitzen diese Nachahmungen nicht die gleiche Festigkeit.

Karikatur:
Komisch-übertriebene Darstellung einer Sache, einer Person oder eines Ereignisses mittels eines Einzelbildes. Die Karikatur verfolgt das Ziel, durch pointiert überzogene Zeichnung einzelne Charakteristika besonders hervorzuheben.

Kohle:
Bei der Zeichenkohle handelt es sich um Holzkohle; die Kohle ist eines der ältesten Zeichenmittel, doch entdeckte man erst im 15. Jahrhundert Techniken des Fixierens.

Kreide:
Die Kreide gehört mit dem Bleistift, der Kohle u. a. zu den sog. „trockenen" Zeichenmitteln (im Gegensatz zu den flüssigen Zeichenmitteln wie Tinte oder Aquarellfarbe). Neben der weißen Naturkreide kennt man heute verschiedene Arten von farbigen Kunstkreiden, z. B. Pastellkreiden, Ölkreiden oder Wachskreiden.

Negative Flächen:
„Leere" Räume zwischen einzelnen Objekten des Motivs oder zwischen Rand und Motiv.

Ölkreide:
Ölkreiden werden aus einer Mischung von Pigmentstoffen, Wachsen, Ölen und tierischen Fetten hergestellt. Die dabei entstehende butterartige Paste wird in entsprechende Form gegossen. Ölkreiden sind terpentinlöslich und wasserabstoßend.

Plastizität:
Als plastisch werden alle körperhaften, nicht flächig wirkenden Formen bezeichnet. Kann in der Kunst der Bildhauer einen tatsächlichen Körper im Raum modellieren, ist der Maler darauf angewiesen, durch bestimmte Techniken die Illusion von Räumlichkeit zu schaffen.

Pop Art:
Das englische Wort „pop" bedeutet im Deutschen soviel wie Knall. Pop Art ist also eine Kunst, die auffallen will, die etwas Knalliges oder auch Schockierendes zum Ausdruck bringen möchte. Die Grundidee dieser Kunstrichtung des 20. Jahrhunderts ist es – in bewußter Abwendung von der abstrakten Kunst –, die Realität, das Alltagsleben des modernen Menschen zu thematisieren. Dabei besitzen selbst die kleinsten Dinge des Alltäglichen für den Pop Art-Künstler Darstellungswert. Eine gesellschaftliche Komponente erhält die Pop Art, wenn Gegenstände des Massenkonsums bewußt parodiert werden.

Positive Flächen:
Objektflächen, bzw. Formen auf dem Papier. Negative und positive Flächen bedingen sich immer gegenseitig.

Radierung:
Die Radierung ist eine der vielen Varianten der traditionellen Kupferstecherei. Es handelt sich dabei um ein beliebtes Ätzverfahren: Die Kupferplatte wird mit einer Mischung aus Wachs und Harz bestrichen und mit Ruß geschwärzt. In diese Schicht ritzt der Künstler mit einer Nadel die gewünschten Umrisse seines Motivs, hinunter bis zum Kupfer, ein. Ein anschließendes Säurebad ätzt das freiliegende Kupfer, und die Zeichnung wird so in die Platte eingetieft.

Renaissance:
Renaissance bedeutet eigentlich „Wiedergeburt" und wird kulturgeschichtlich als die Epoche begriffen, in der das klassische Altertum wiedererweckt wurde und die Künste neu aufblühten. Verbunden war dieser Prozeß mit einer Loslösung des Menschen von der kirchlichen und feudalen Ordnung des Mittelalters. In der bildenden Kunst fand das neue Lebensgefühl seinen Ausdruck, die Künstler strebten nach realitätsnahen Abbildungsformen, und z.T. kam es zu einer Verwissenschaftlichung der Kunst.

Schlagschatten:
Schatten, den jeder Körper durch Lichteinfluß wirft. Daher ist die Darstellung des Schlagschattens vom Stand und von der Richtung der einfallenden Lichtquelle abhängig und gibt so auch die Position des jeweiligen Gegenstandes an.

Wachskreide:
Pigmente, die mit künstlichen Wachsformen gebunden und in Stiftform gepreßt werden. Die Wachskreide bietet vielfältigere Möglichkeiten als z. B. die Pastellkreide und benötigt vor allen Dingen keine Fixierung.

Literaturempfehlungen

Zeichnen:

Bagnall, B. und U., Hille, A.: Zeichnen einfach anfangen. Art Academy Ravensburger Buchverlag, Ravensburg, 1995.
Blake, W.: Grundkurs Zeichnen. Ravensburger Buchverlag, Ravensburg, 1993, 8. Auflage.
Simpson, I.: Ravensburger Handbuch der Zeichentechniken. Ravensburger Buchverlag, Ravensburg, 1989.

Tiere:

Bammes, G.: Die Gestalt des Tieres. Ravensburger Buchverlag, Ravensburg, 1986.
Bammes, G.: Die Gestalt des Tieres. Studienausgabe. Ravensburger Buchverlag, Ravensburg, 1989.
Bammes, G.: Große Tieranatomie. Ravensburger Buchverlag, Ravensburg, 1991.

Register

Bildnachweis

Bananenfrucht und Caligo, Kupferstich, koloriert, nach einer Gouache von Maria Sibylla Merian, entstanden auf ihrer Reise nach Surinam 1699–1701 (Seite 6), Foto: Archiv für Kunst und Geschichte, Berlin
Franz Marc, Zwei Pferde (Seite 7): Galerie Mortitzburg, Halle
Albrecht Dürer, Kopf eines Walrosses, Federzeichnung 1521 (Seite 7): London, British Museum, Foto: Archiv für Kunst und Geschichte, Berlin
Rembrandt Harmensz van Rijn, Indischer Elefant, Schwarze Kreide, um 1637 (Seite 56): © British Museum, London
Fotos: Ernst Fesseler (Seite 8/9), Ellis Kaut (Seite 58)